JN317310

浜岡原発の選択

浜岡原発の選択

はじめに

２００８年12月、取材班は中部電力が浜岡原発（御前崎市佐倉）の1、2号機を廃炉にして6号機を新設する「リプレース計画」を極秘裏に検討している―という情報を入手し、スクープしました。1号機（54万キロワット）と2号機（84万キロワット）を廃炉にすると、出力は１３８万キロワット減ります。その分を埋める１４０万キロワット級の6号機を新設する―という計画です。1、2号機を廃炉にすると、建屋内の燃料プールにある使用済み燃料の行き場に困ります。計画には使用済み燃料を保管するための乾式貯蔵施設の新設も盛り込まれていました。

原発の廃炉も新設も、乾式貯蔵施設の新設も、本来それぞれが単独で十分に一大プロジェクトと言えるものです。いずれも国や中電が時間をかけて住民に提示し、安全性を証明し、納得してもらいながら進めていくべきものです。これらをリプレースという横文字でひとくくりにして発表した中電に対し、取材班は違和感を抱きました。ただでさえ、浜岡原発はマグニチュード8級の東海地震の想定震源域の真上に立地しているのです。当時から、国内原発は耐震安全性の不安や核燃料サイクルの混迷で、新規立地は絶望的とされていました。地震や津波に耐えるか分からず、放射性廃棄物の処分先も決まらない―。そんな状況の中、浜岡原発の地元住民に投げ掛けられたのがリプレース計画でした。取材班はこの計画が国内原発路線の試金石になると考えました。浜岡原発でなされる選択が、原子力行政の運命を左右する可能性があるのです。

取材班は、読者に100年先の子孫のことを思いながらリプレース計画と原発そのものについて考えてもらいたい―と、08年12月から09年6月まで全50回の連載を展開しました。国内の廃炉・新設事情を紹介した上で、浜岡原発の歴史や原発マネーの功罪、耐震安全性の課題を探りました。時には静岡県を飛び出し、欧米の原発事情や国内外の新エネルギーの展望などできる限り幅広い取材を心掛けました。原発に対する考え方は人それぞれです。この連載が、原発に対する「あなたの選択」の参考になれば幸いです。

目次

揺れる地元　御前崎

――大転換に渦巻く賛否

水面下で何かが動いている――。中部電力浜岡原子力発電所が立地する御前崎市の石原茂雄市長（61＝当時）は２００８年12月中旬、公務で訪れた静岡市内で、偶然出会った関係者から耳打ちされて直感した。

「浜岡原発が大変になりそうですね」。その言葉から浮かぶのは停止中の１、２号機の扱い。ただ、中電からは「11年３月までに運転を再開する」と説明を受けている。同時に頭をよぎったのは６号機新設の可能性。「プラントの純増は石川嘉延知事も容認しない方針を示してきた。中電も難しいことは承知しているはず…」。いずれの推測も確信には至らなかった。

思いを巡らせる中、１、２号機廃炉と６号機新設をセットで進めるリプレース（置き換え）計画が数日後、一気に表面化した。「まさか同時とは。中電は重大な経営判断をした」。想像をはるかに超えた計画は、石原市長を驚がくさせた。

中電側から1、2号機の廃炉と6号機新設の説明を受ける石原市長（右から2人目）＝2008年12月22日、御前崎市役所

過去に5基の原発を受け入れてきた。「原発には慣れっこ」。そんな見方をされる御前崎市民の間にも、リプレースについては「これまでとは別次元の問題」（市議）との受け止め方が目立つ。「地域振興」か「安全性」か—。中電の正式発表を待たずに賛否両論が噴出した現状が、市民に与えた衝撃の大きさを物語る。

賛成派が何よりも期待するのは6号機の〝特需〟。市商工会関係者は「新規建設が始まれば、市の人口が1万人増える。雇用拡大にもつながるし、地元業者は間違いなく潤う」。旧浜岡町商工会は5号機増設で町内が割れていた1996年、町当局に早期建設を要望した経緯がある。

当時はバブル崩壊の波が地方にも押し寄せていた。元町議（62＝当時）は「経済環境が今とそっくり。中電は、あえてこの時期を狙って計画を出したんじゃないかと、勘繰りたくもなる」と話す。

旧浜岡町と旧御前崎町の合併で04年に誕生した御前崎市は、企業誘致専門部署を置き、「原発依存からの脱却」を図ってきた。しかし、急激な不況で先行きは不透明。09年度は9億円近い税収減が避けられない。そんな逆風が吹き荒れているだけに、「一番喜んでいるのは、電源三法交付金などの原発マネーが入る行政のはず」＝無職男性（62＝当時）＝との声もある。

一方、反対派が問題視するのは東海地震が懸念される状況下での安全性だ。加えて、「新しい原発を造るたびに、中電は『今回が最後』と言ってきた。裏切られた気分」＝50代女性＝など、中電に対する不信感も根強い。1、2号機廃炉については歓迎ムードが高まる中、市議の一人は「作業工程の中で出てくる放射性廃棄物の処理方法だって分からない。そんな簡単な話じゃない」とくぎを刺す。

6号機新設には漁業関係者の同意も必要になる。「漁業権放棄」という切実な問題を伴うだけに、反発も予想される。牧之原市の元漁業者は「1号機の時は役場に石を投げ込んだ」と、当時の反対運動を振り返る。39年前の1969年。長い議論の末にその1号機受け入れを地元漁協が決定したのはくしくも、リプレース計画が発表されたのと同じ12月22日だった。

◇

地元関係者の前に唐突に出現した中電の浜岡原発リプレース計画。国のエネルギー政策の未来を左右する先導的な計画は地域社会にどう影響するのか。耐震対策や運転差し止め訴訟など課題が山積する中、中電の思惑通りに進むのか。大転換を図った中電の試み。計画策定の背景などを探った。

「震源域」重い課題

――耐震性に根強い不安

長い耐震安全性の論議を経て地元4市（御前崎、牧之原、掛川、菊川）がプルサーマル計画の受け入れにこぎ着けてから、わずか1カ月。中部電力浜岡原発の1、2号機を廃炉にし、6号機を新設するリプレース計画は再び地元住民に重い課題を背負わせた。

「プルサーマルの時にかなり議論したが、地震の議論は出尽くしたとは言えない。それなのに6号機の新設なんて…」。菊川市議会の横山隆一市議（56＝当時）は驚きを口にした。

4号機でMOX燃料（ウラン・プルトニウム混合酸化物燃料）を燃やすプルサーマル計画。浜岡原発での受け入れ論議が盛んだった2007年7月、新潟県中越沖地震（M6・8）が発生した。東京電力柏崎刈羽原発が想定の最大3・8倍の揺れに見舞われた。被害の全容が明らかになったのは1年余りたってからだった。

柏崎刈羽原発の被害を目の当たりにして、プルサーマル計画の受け入れ論議は地元4市のうち、菊川市議会で最も白熱した。横山市議ら慎重派の議員7人は5回以上の全員協議会などを通して、東海地震に対する「住民の不安」を粘り強く訴えた。横山市議は当時所属していた自民党を離党してまで慎重論を貫いた。

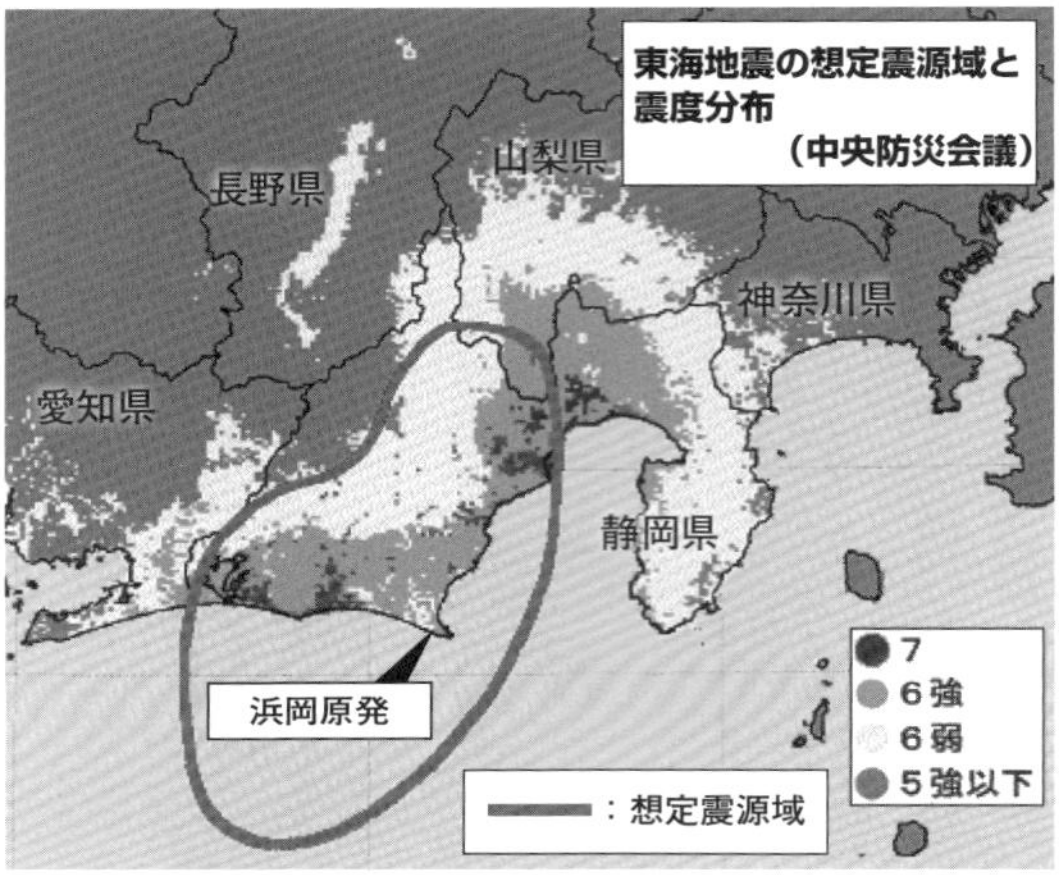

東海地震の想定震源域と震度分布（中央防災会議）

伊藤寿一議長（71＝当時）は当時、議員の意見の取りまとめに腐心した。賛否両論の板挟みになり、議長不信任決議案まで提出された。突然の計画表明に、「あの時は大やけどしてまで話をまとめたのに、今回（事前に）何も言ってこなかった中電には裏切られた気分だ」と不信感を募らせる。

76年、78年にそれぞれ運転開始した1、2号機はすでに減価償却済み。中電にとっては安く電力をつくり出せる「金の卵を産む鶏」（関係者）になるはずだった。

ところが、耐震性に余裕を持たせる工事などを行うと、2基の運転再開には約3千億円の巨費が必要になることが分かった。中電は「経済性に乏しい」（三田敏雄社長＝当

【プルサーマル】

原発で使い終わったウラン燃料を再処理してプルトニウムを取り出し、再び原発で再利用する計画。国の原子力政策の一環。再利用後にできる燃料をMOX燃料（ウラン・プルトニウム混合酸化物燃料）と呼ぶ。中電は2010年度から実施する方針。

時）と判断し、〝卵を産まない鶏〟を手放すことを選択した。

6号機は5号機と同じ最新型のＡＢＷＲ（改良型沸騰水型軽水炉）。発電所全体の耐震安全性は底上げされることになるが、運転差し止め訴訟の原告の一人は「浜岡原発が巨大地震の想定震源域の真上にあるという事実は変わらない」と冷ややかに受け止める。

「地元はまだプルサーマル問題を積み残している」。県庁で行われた1―4号機の運転差し止めを求める訴訟の控訴審原告団の緊急会見。原告の一人で、市民グループ代表の長野栄一さん（87＝当時）＝牧之原市福岡＝は「新設を口にする中電は常識外れだ」と語った。

長野さんは約20年前に「清水の舞台から飛び降りるつもり」で、原発の反対運動に身を投じた。海軍兵として若い一時期を過ごした長崎市に原爆を落とされた。原子力の平和利用という言葉にずっと違和感を持っている。6号機が出来れば、自宅から原子炉の距離が少しだけ近くなる。

長野さんは言う。「プルサーマルの時は、柏崎刈羽原発の被害について勉強する間がないうちに押し切られてしまった。中越沖地震の教訓は6号機の受け入れ議論にこそ十分生かされるべきだ」

国内初「置き換え」

――立地難打開へ新戦略

〝予兆〟はあった。２００５年３月、御前崎市佐倉の中部電力浜岡原発5号機に隣接する県温水利用研究センターが約５００メートル北側に移転を完了した。５号機増設に伴う移転だったが、東側に大きな空き地ができた。地元の男性（67＝当時）は「6号機の準備ではないかとうわさになった」と振り返る。今回明らかになった6号機の建設予定地には、この跡地が含まれていた。

この年の12月、廃炉で出るごみの放射能レベルを規定する「クリアランス（すそ切り）制度」を盛り込んだ改正原子炉等規制法が施行された。クリアランス制度の導入で、原発解体で出る50万トン余りの廃棄物のうち、97％以上を普通の産業ごみとして処理できるようになった。廃炉のための法整備は着々と進んでいた。

「社内で廃炉検討の話を聞いたのは（08年）7月初めごろだった」。12月22日の「リプレース計画」発表後の会見で中電の三田敏雄社長（62＝当時）は、廃炉計画が

記者会見して国内初のリプレース計画を発表する三田中部電力社長（左端）＝2008年12月22日、静岡市葵区

浮上した時期を明かし、「以来社内で検討を積み重ねてきた」と説明した。ただ、リプレース計画は1、2号機の廃炉と6号機の新設を同時に進める大型事業。「もっと早い段階で結論が出ていたのではないか」といぶかる声もある。

リプレースは国や電気事業連合会が、「30年ごろから本格化する」（原子力立国計画など）と期待している戦略。既存原発の敷地を有効利用する発想だ。背景には、原発の「負」のイメージが新規立地を難しくしている現状がある。国内初の原発リプレース計画を発表した中電は、この戦略の先導的役割を担うことになった。

通常、廃炉の過程で原子炉や建屋などの施設は解体撤去され、敷地は更地になる。中電が「原発の立地は浜岡以外に全くめどが立っていない」（環境・立地本部）とする一方、原子力行政の関係者は「1、2号機

【クリアランス制度】

原発の廃炉などで発生するごみについて、放射能濃度が人間の健康への影響を十分無視できる値（クリアランスレベル）以下であれば、一般の産業ごみとして扱えるようにする制度。放射能濃度がレベル以下のごみは一般廃棄物処分場に捨てたり、再利用したりできる。クリアランスレベルは年間0・01ミリシーベルトで、自然界から受けている放射線量（世界平均）の200分の1以下。

を廃炉にすれば、中電は将来の7号機のための用地を同時に手に入れることができる」と深読みする。

「原発のリプレースは今後世界的な流れになる」。廃炉の調査研究を行っている原子力研究バックエンド推進センター（東京都港区）の榎戸裕二情報管理部長はそう指摘する。「廃炉の技術開発は安全性をクリアした。当面の課題はコスト削減というレベル」。米国では浜岡2号機と同程度の82万キロワットの沸騰水型をはじめ、100万キロワットを超す加圧水型の解体撤去が完了した実例があるという。

世界の原発が廃炉の時期を迎えるこれからに備えて、国際原子力機関（IAEA）も廃炉技術を国際的に共有するためのデータベースを整備している。

経済産業省資源エネルギー庁原子力立地・核燃料サイクル産業課の森本英雄課長は「浜岡原発1、2号機の規模で同じ30年くらいの年齢の原発を持つ電力会社が今後、廃炉を検討することは十分に考えられる」との見方を示した。

〝廃炉ラッシュ〟の時代が、確実に近づいている。

思い入れ強い初期炉

——延命も〝勝訴〟も捨て

中部電力の幹部が乗った1台の車が、原発に程近い屋敷の防風林の陰に滑り込むように消えていった。２００８年12月上旬、御前崎市佐倉。浜岡原発1号機の立地当時から原子力行政に大きな影響力を持ってきた旧浜岡町の元町長（81＝当時）は、緊張で顔をこわばらせた幹部を家の中に招き入れた。中電が7月から極秘裏に検討を進めてきた「リプレース計画」。1、2号機を廃炉にして6号機を新設する巨大プロジェクトの検討作業は最終局面を迎えていた。

「運転再開には莫大《ばくだい》な費用がかかるんです」。幹部は慎重に言葉を選んだ。

元老格の元町長は町企画課長などを歴任し、初期の原発建設に直接かかわってきた。1、2号機は目に入れても痛くない子供のような存在。それを「廃炉を選択しなければならないかもしれません」と打ち明ける幹部の真剣な目をのぞき込みながら、思いを巡らせた。

詳細な内容は明かされなかったが、ニュアンスは感じ取った。「原発が新しくなれば発電所全体としての安全性は増すだろう。いいこんだから、どんどんやりなさい」。元町長の肯定的な反応が中電側の背中を押した。1、2号機の運命は「廃炉」に決まった。計画は実施に向けて大きく動き始めた。

「必要な工事に3千億円かけて1、2号機の運転を再開するのは経済性に乏しいと判断した」。2週間後の12月22日。静岡市葵区の中電静岡支店には、報道関係者に1、2号機の廃炉を正式発表する三田敏雄社長の姿があった。

廃炉が決まった浜岡原発2号機の内部。1号機と共に初期の原発として中電の思い入れは強い＝2009年1月13日、御前崎市佐倉

「なぜこのタイミングなのか」。真っ先に浴びせられた質問に三田社長は冷静に答えた。「公表のタイミングに意味はない。決めたらすぐ公表するのが企業だ」。ただ、舞台裏では正式発表の直前まで議論が続いていた。関係者は「中電初の原発である1、2号機には幹部の強い思い入れがあった」と明かした。

1、2号機は〝寿命〟を最大60年に延ばす「高経年化対策」を済ませたばかりだった。耐

【浜岡原発のリプレース計画】

中部電力が浜岡原発の1号機（出力54万キロワット）と2号機（同84万キロワット）を廃炉にして、2基分に匹敵する140万キロワット級の6号機を新設する計画。廃炉にした出力分を新設炉で代替するため、リプレース（置き換え）と呼ぶ。1、2号機は運転開始から30年を超えたBWR（沸騰水型軽水炉）で、最終的には解体撤去する。原発のリプレースは新規立地難を打破する国や電力各社の新戦略で、今後全国でも相次ぐとみられている。

震性が争われてきた運転差し止め訴訟も07年10月、一審で勝訴した。地元住民は1、2号機が11年3月までに運転を再開すると信じていた。

「なぜ廃炉なのか。勝訴で喜んだのは何だったんだ」。元町長と共に原子力行政を支えてきた元町幹部の男性（62＝当時）は肩を落とした。「これではやっぱり1、2号機は東海地震に耐えられなかったんじゃないかと思われても仕方ない。今まで中電を信じてかばってきた人ほどショックを受けているはずだ」

あいまいになった1、2号機の耐震安全性や水泡に帰した高経年化対策に対する不信感、聞き慣れない廃炉技術への不安―。一部の地元住民の間にも複雑な思いがくすぶり始めている。

「廃炉はちょっと早いかなと思ったけど、最も思い入れのある彼らが決めたんだから」。元町長は計画の正式発表後、廃炉の決定を後押しした真意を語った。顔にはさばさばした表情を浮かべていた。

◇

中電が発表した国内初の原発リプレース計画。廃炉と新設をめぐる地元住民の思い、地域社会への影響、エネルギー政策上の課題などを追った。

試験炉で技術開発

――方策ない放射性ごみ

サッカーグラウンドのような芝生の広場。日本原子力研究開発機構（原子力機構）の柳原敏さん（58＝当時）はふいに立ち止まり、芝の間に埋もれた小さな目印を指さした。「原子炉があったのはこの辺りです」。茨城県東海村の同機構原子力科学研究所（原科研）。日本初の発電用原子炉「ＪＰＤＲ（動力試験炉）」の跡は、更地になっていた。

ＪＰＤＲは１９６３年から76年まで、この場所で稼働していた。発電に成功した63年10月26日は今でも「原子力の日」とされている。

旧浜岡町（現御前崎市）で中部電力の浜岡原発1号機（出力54万キロワット）が運転を開始したのが76年3月17日。ＪＰＤＲが初期の原発研究の任務を終えて止まったのは、その翌日だった。

「あのころ運転を始めた浜岡原発がもう廃炉なんて。時代の流れを感じますね」。

当時の科学技術庁（現文部科学省）の委託を受けて86年から本格的に始まったＪＰＤＲの解体プロジェクト。「日本国中で原発をどんどん造っていた時代に、私たちは廃炉という問題に向き合っていたんです」。チームの一員だった柳原さんは遠くを見るようにゆっくり言葉をつなげた。

ＪＰＤＲの解体プロジェクトは最古参の原子炉の〝退役〟を飾る大仕事。同時に、原子炉をいかに安全に解体撤去できるか―という国内初の挑戦だった。海外にもほとんど実績がなかった。廃炉の技術や手順を一つ一つ手探りで開発していく作業は世界から注目された。中電も「いつか訪れる浜岡原発の廃炉」に備えて、生え抜きの社員を送り込んでいた。

JPDRの解体前（上）と解体後。跡地は芝生の広がる更地になったが、放射性廃棄物のほとんどは敷地内に保管されたままだ＝茨城県東海村の原子力科学研究所（日本原子力研究開発機構提供）

【JPDR（Japan Power Demonstration Reactor）】

日本の原子力発電の黎明（れいめい）期だった1950年代後半から、原発の建設・運転・保守経験の取得などを目的に日本原子力研究所（当時）が建設した動力試験炉。浜岡原発と同じ沸騰水型（BWR）で電気出力は1万2500キロワット。63年に国内初の原子力発電に成功。69年から熱出力を2倍に引き上げる「JPDR—2計画」に移行した後、76年に運転を終了し、廃炉の研究に活用された。

原発内で放射能が最も高いのは原子炉がある中心部。作業員の被ばくや外部への影響を最小限にするために、中心部から外側に向かって少しずつ撤去していく手法を採用した。まず原子炉。次いで周辺のコンクリートなどを撤去して、最後に格納容器や建屋類を解体した。放射能が高い中心部の作業には遠隔操作できるロボットも使った。

解体期間は約10年。廃炉技術の開発費を含めて230億円を投じた。JPDRの廃炉を通して開発・提案された数々の成果は、今でも廃炉の基本資料になっている。浜岡原発1、2号機の廃炉についても調査研究機関の関係者は「JPDRの手法をベースにして行われる可能性が高い」とみている。

JPDRが更地になって13年がたった。解体による2万4千トンの廃棄物のうち、放射性廃棄物は3千7百トン。放射性物質がこびり付いたり、放射能を帯びたりした金属やコンクリート。約15％に相当する放射性廃棄物のほとんどは、今でも敷地内に密閉保管されている。

「廃炉とは壊すだけの話ではない。地元と共生しながら将来にわたって原子力を利用していくための鍵」。そう言い切る柳原さんは「廃炉」が抱える一番の課題として、いまだに道筋が見えない放射性廃棄物の処分方法を挙げた。

商用炉初　進む解体

――法改正で再利用に道

明かりが消えた無人の中央制御室。良質のオーク（かし）材をあしらった木目調の制御盤が、日本で唯一、英国メーカーが開発した原発であることを主張していた。国内初の商用原子炉の廃止措置（廃炉）は２００１年、この東海発電所（茨城県東海村）で始まった。

「皇太子時代の天皇陛下やサッチャー元英首相が訪れた、珍しい原発です」。要人が写った写真パネルを眺めながら、日本原子力発電（原電）の職員は誇らしげに笑みを浮かべた。

廃炉の工期（17年）の折り返し地点に差し掛かっていた。昨年までに、原子炉の上にかかる「燃料取替機」とその台座「トランスポーター」の撤去を終えた。今年の初めから、「熱交換器」４基の撤去準備に追われている。

原子炉が燃えさかる運転中でも核燃料を入れ替えることができた燃料取替機。国内で主流の軽水炉にはない「ガス炉」の特徴の一つだった。「かなり精密な装置。壊すのはさすがに寂しかった」。廃止措置室副室長の小松崎徳隆さん（54＝当時）は、30年前の入社以来、機器の保守を手掛けてきただけに、その思いも特別だった。

この燃料取替機やトランスポーターの解体で出た鉄ごみは再利用され、ベンチや応接テーブルなどに生まれ変わっている。

商用炉初の廃炉が行われている東海発電所。リサイクルは進むが、最終処分が必要な廃棄物の雲行きは怪しい。写真は熱交換器＝2009年1月23日、茨城県東海村

廃炉の過程で生じる放射性の金属やコンクリートについて、国は05年の法改正で再利用の道を開いた。人の健康に影響がないほど放射能が低いことを確認できれば、「リサイクル資源」として再利用や再流通が可能になった。

放射性ごみの「クリアランス（すそ切り）制度」。この制度の導入で、特別な処理や処分が必要な放射性ごみの量は大幅に減った。日本原

【東海発電所】

日本原子力発電が1966年7月に商業用原発として国内で初めて運転開始した。電気出力16・5万キロワット。現在55基ある日本の商業用原発はすべて水を沸騰させる「軽水炉」だが、天然ウランを濃縮せずに使用できる国内唯一の英国製「ガス炉」だった。32年間運転した後、98年3月に運転を停止。2017年の更地化をめどに廃止措置を講じている。同発電所ではこのほか、79年から東海第二発電所（出力110万キロワット）が稼働している。

電は、東海発電所の解体で出る放射性ごみの約6割をクリアランス対象にできると試算する。目前に迫る「廃炉ラッシュの時代」。予想される大量の放射性ごみを少しでも減らしたい――。法改正には国のそんな思惑が見え隠れする。

「あれが搬出待ちのクリアランス対象物です」。職員が指さした先には、納入先への搬出を待つコンテナの群れがあった。既に、放射性の金属ごみを再利用したベンチ20基、応接テーブル10、ブロック600個を構内で使用している。村内の研究施設にも放射線遮蔽《しゃへい》体20体を納品した。着実に実績を重ねている。

それでも、原子炉本体の解体で発生する低レベル放射性廃棄物など、全体の10％強（軽水炉の場合は3％未満）は、リサイクルの対象にならない。最終処分の方策は、まだ決まっていない。

「このまま処分先が決まらなければ、2011年度に予定している原子炉本体の解体着手を12年度から、13年度から…と、先延ばししていかなければならない」

小松崎さんが30年間見詰めてきた英国ゆかりの〝紳士原発〟。第二の人生も、紆余《うよ》曲折をたどりそうな雲行きだ。

「ふげん」地元に好機

——関連ビジネスに照準

日本原子力研究開発機構の新型転換炉「ふげん」（福井県敦賀市）が廃炉作業に入ったのは２００８年2月。茨城県東海村のＪＰＤＲ（動力試験炉）と東海発電所に次いで、国内３番目だった。立地する福井県敦賀市では、地元商工業者が虎視眈々《たんたん》と「廃炉ビジネス」参入の機をうかがっていた。

「ふげん」は今、使用済み核燃料約４６０体の取り出しを進めている。本格的な解体はこれから。建屋の解体が始まるのは22年度。最終的な廃棄物の総量は36万トンと見込まれる。

このうち放射性廃棄物として処分しなければならないのは３％足らずの１万トン。放射性廃棄物の基準を緩和する「クリアランス制度」によって、97％の35万トンはリサイクルや一般廃棄物と同じ扱いができる。

「放射性廃棄物は専門業者に任せればいい。われわれは普通に扱える９割以上の解

地元商工業者が廃炉ビジネスへの参入を目指す解体中の「ふげん」＝2009年1月21日、福井県敦賀市

体物で勝負する」。解体工事や大量のコンクリートが生み出すビジネスチャンス。中心街にある敦賀商工会議所で専務理事の中村秀男さん（67＝当時）が、その狙い目を熱く語った。

福井市がある嶺北地方は古くからものづくりが盛んな土地柄。繊維や楽器などの製造業が発展した。敦賀市がある嶺南地方は15基の原発が林立する〝原発銀座〟。ものづくり産業は遅れてきた。「なんとか嶺北に追いつきたい」。そんな長年の思いが、廃炉ビジネス参入に向かって地元業者を突き動かしている。

地元の中小業者にとって、「廃炉」は「建設」より参入しやすい。「ふげん」が運転停止した翌年の04年8月、敦賀商工会議所が中心になって廃炉技術を調査・研究する「廃止措置研究会」を発足。産学官で地元企業の技術研修などを重ねてきた。「ふげん」の廃炉費用は750億円。不況風が吹き荒れる中、指をく

【ふげん】
核燃料のリサイクル研究などを目的に1979年に運転開始した新型転換炉。出力16.5万キロワット。高速増殖炉「もんじゅ」と軽水炉のプルサーマルをつなぐ原型炉だったが、プルサーマルに一応のめどが立ったことなどから役割を終え、2003年に運転終了した。MOX（ウラン・プルトニウム混合酸化物）燃料の使用実績は776体で世界一。

わえてはいられない。

「多くの業者が参入してくれれば、競争原理が働いてコストが下がる」。原子力機構敦賀本部・原子炉廃止措置研究開発センターの清田史功さん（50＝当時）はそう言って、口元を緩めた。そして付け加えた。「地元に原発そのものが理解されやすくなる利点もある」

原発の再生コンクリートを使ったビジネスとして最有力視されているのが、魚礁など海洋構築物への再利用。研究会は地元大学と共同で海洋環境への影響を調べる実証試験を行っている。10年には市内の敦賀原発1号機も運転を終了する（※09年9月に国が運転延長を認可）。関係者は「高度経済成長期に建てられたビルの解体ラッシュも必ず来る。需要は十分ある」と見込む。

「電力会社にPR館の産物店を任されるぐらいで喜んでいる場合じゃない。だまっていたら大手にすべて持っていかれる」。中村さんが地元業者の危機感を代弁した。今までの関係に満足していられない。関係者は大手資本との競合も視野に入れた積極姿勢を示している。

高経年対策水泡に

――「大手術」の巨費重く

「まだまだ運転できるはずなのに…」。中部電力が「廃炉」を決めた浜岡原発1、2号機。計138万キロワットという本格的な商業炉の廃炉は国内で初めて。先に廃炉の道をたどっていたJPDR（動力試験炉）と東海発電所、新型転換炉「ふげん」の技術者たちは、そろって驚きを口にした。

1、2号機は運転30年を迎える際、「高経年化対策」を施していた。今まで30―40年とされていた原発の〝寿命〟を60年に延ばす対策。「配管の厚さの減り具合などを計画的に管理すれば、60年は安全運転できる」。国は1996年に高経年化対策の考え方を示していた。

中電が高経年化対策に必要な保守・点検計画をまとめた報告書は、1号機が2006年5月、2号機が08年7月に〝条件付き〟で国の審査に合格した。ひび割れが見つかり、交換するとしていた原子炉心臓部の炉心隔壁（シュラウド）が未交換

浜岡原発1、2号機の高経年化対策とリプレース計画公表までの流れ

	1号機	2号機
2004年	1・23 定期検査（02年4月–）の期間延長 ・炉心隔壁ひび割れ ・高経年化対策など	2・18 定期検査入り ・高経年化対策など
	9・17 1、2号機の炉心隔壁の取り換え計画を発表	
2005年		
2006年	1・31 高経年化対策の報告書を国に提出 5・18 国が「妥当」と公表 （炉心隔壁などは除く）	
2007年		11・26 高経年化対策の報告書を国に提出
2008年	7月 リプレース計画の検討を開始（中電）	7・25 国が「妥当」と公表 （炉心隔壁などは除く）
	12・22 リプレース計画（1・2号機の廃炉と6号機の新設）発表	

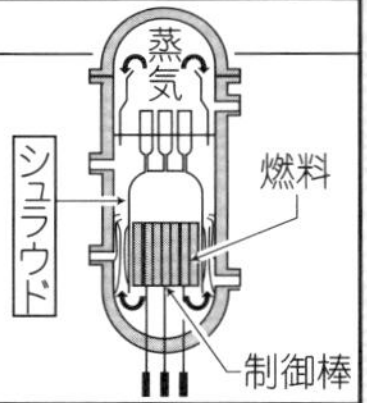

だったため、その部分の評価ができなかった。

炉心隔壁は原子炉心臓部にある金属性の巨大な仕切り板。炉心を支えると同時に、原子炉内で高温の水と低温の水の流れを仕切る大切な役割がある。中電は04年9月、1、2号機の炉心隔壁を交換すると発表していた。新品は特注で、最低でも2基で300億円の巨費が必要とされた。

中電は結局、この交換予定の炉心隔壁を換えないまま、時期が来た1、2号機の高経年化対策を進めた。

原発設計メーカーの元技術者（67＝当時）は指摘する。

「炉心隔壁の交換は大手術。1、2号機を十分に耐震補強できる見通しが立たないから、交換をためらい続けてい

【高経年化対策】

対象は運転開始後、30年を迎える原発。運転期間を60年と仮定し、この間に配管や原子炉などで起きそうな経年劣化現象を技術的に評価する。その上で、通常の保全活動に加えて行うべき保全活動について10年間の長期保全計画を策定すれば、国が「60年は安全に運転できる」という事実上のお墨付きを与える。運転開始後30年を超える国内の原発は2009年中に20基に達する見込み。

たと考えても不思議ではない」

2号機の高経年化対策は炉心隔壁などを除いて「妥当」―と国が公表したのは08年7月25日。交換されなかった炉心隔壁などについては「交換したら、速やかに技術評価を実施する」と付記された。国の担当者は明かした。「そんなただし書きが付くのは異例だ」

中電が1、2号機の廃炉を正式表明したのは、このわずか5カ月後。「高経年化対策の審査を受けたので1、2号機は運転を再開するとばかり思っていた」。国の原子力安全・保安院の担当者が本音を漏らす。中電が炉心隔壁の取り換え計画を発表して4年余り。肝心の炉心隔壁は、発注さえされていなかった。

中電によると、1、2号機の運転再開に必要な費用は耐震工事費を含めて3千億円。工期は10年に膨らんでいた。一方、6号機の新設費用は3千億―4千億円を見込む。1、2号機の高経年化対策は、経済性の前に水泡に帰すことになった。

延命か廃炉か―。「企業である限り、てんびんにかけるのは当然だ」。原子力安全・保安院の担当者は中電の選択に理解を示し、「今後も高経年化対策より廃炉を選ぶ原発がでてきてもおかしくない」と〝予言〟した。

中電、国に不信感も

――求められる説明責任

６人の運転員が、真剣な表情で計器類と向き合っていた。中部電力浜岡原発１、２号機の中央制御室。廃炉を待つ間も、監視が必要な項目は数多くある。緊張感は運転時と変わらない。ただ、原子炉からは燃料棒をすべて抜いてある。二度と核反応が起きることはない。

２００９年1月30日。１、２号機は運転を終了した。耐震補強などを理由に長く止まったままだった。再起動することなく電気事業法上の「発電所」としての役割を終えた。本格化する「廃炉」の費用は見積もり段階で約９００億円。具体的な解体計画は、まだ決まっていない。

想定東海地震に耐え得るが、11年3月までにさらなる耐震補強を施して運転を再開する―。そう公言していた中電は08年12月、１、２号機の廃炉を発表した。「また裏切られた思いだった」。40年前、１、２号機の建設に作業員としてかかわった御前崎市佐倉の男性（81）は、複雑な思いを口にした。

当時、原子炉建屋のコンクリート打ちなどが主な仕事だった。同僚には、川根や牧之原から働きに来た農閑期の茶農家が多かった。「砂や汗にまみれて働いた。東京の大学に行った息子の学費を稼ぐために。コンクリを打ったり、鉄筋組んだりしてね」。建設現場は地元の人々であふれ、活気に満ちていた。「みんな一生懸命働いた。頑丈な原発だって自信はあった」

原子炉は止まっても、保守・点検作業が続く浜岡原発2号機の原子炉格納容器内＝2009年1月13日、御前崎市佐倉

原発は「夢の技術」と信じていた。ところが2号機、3号機と増設が続く中、原因不明のトラブルが相次いだ。「『絶対安全』と言う割には事故も無くならない。原発の技術はまだまだ未熟。研究の

余地は多い」。5号機は「4号機で終わり」という口約束に反し、山を削って増設された。中電に対する不信感が少しずつ募っていった。

廃炉に伴って出る使用済み核燃料を保管する新しい貯蔵施設の建設計画も、寝耳に水だった。「これ以上、浜岡をごみ置き場にしないと言われてきたのに…」。男性の憤りは国にも向かった。「放射性廃棄物の処分がうまくできないから、知らないうちに原発の敷地がごみ置き場になっていく。国がちゃんと考えてから廃炉って言ってもらわないと困るよ」

国の方針では、廃炉の跡地は再び原発の敷地として有効利用される。1、2号機の跡地に将来、7号機が建設される可能性もある。浜岡以外の原発立地が難航している中電にとって「廃炉」は、将来につなげる選択でもあった。

唐突だった1、2号機の廃炉。「JPDRや他の原発の技術が浜岡にも使えるのか」「放射性廃棄物の行方は」「廃炉の本当の理由は」──。わき上がる地元の声は、分かりやすく、説得力のある回答を求めている。廃炉と新設をセットにした「リプレース計画」は前例のない挑戦。その成否に、国内外から熱い視線が向けられている。

6基目「なぜ、また」

――行き詰まり一極集中

畳の会場は緊張感に包まれた。あぐらを組んだ住民たちが中部電力社員の説明を受けながら、厳しい表情で前方のスライドや手元の資料に目を向けていた。2009年2月10日、浜岡原子力発電所のおひざ元、御前崎市佐倉地区で開かれた初のリプレース計画の住民説明会。「質問をどうぞ」。司会の呼び掛けから一瞬の沈黙の後、住民の手が次々と上がった。

「大規模な商用炉の廃炉は国内でも先駆け。正しい情報を出した上で進めてほしい」。1、2号機の廃炉について、一定の理解を示す声が大勢を占めた。

6号機新設への質問は対照的だった。「さらに炉心に近づく家が出るのではないか」「実際にどのあたりが建設地になるのか」―。疑問や不安。さまざまな思いが交錯した。

説明会の中盤、一人の男性が強い口調で「なぜ、また浜岡なのか」と、1号機から

2009年2月21日に開かれた佐倉地区の2回目の説明会。住民たちが厳しい表情で中電側の話に耳を傾けた＝御前崎市

40年来続く一極集中への疑問を投げ掛けた。「中電の営業エリアでここだけが原発の適地とは思えない。ほかに造る努力はしたのか」と追及する。

「大量の冷却水や広大な土地が確保でき、地盤のいい場所は限られている」。中電の倉田千代治浜岡地域事務所長らは淡々と答え、「送電線などの既存インフラも活用できる。今回も（浜岡に）お願いしたい」と理解を求めた。

中電の電源設備に占める原子力の割合は15％で、国内全体の21％（いずれも08年3月末現在）を下回っている。構成比率の早期引き上げを目指す中電の原発新規立地は行き詰まりを見せている。三重県芦浜、関西、北陸両電力と共同で構想を描いた石川県珠洲《すず》―。浜岡以外で進めた原発計画はいずれも実現に至っていない。

1、2号機の廃炉と6号機新設をセットで進めるリプレース計画の登場は、原発立地を浜岡以外には頼れない中電の実情を、あらためて浮き彫りにした。

【改良型沸騰水型軽水炉（ABWR）】

1970年代後半からメーカー、電力事業者、国が一体となって開発した。鉄筋コンクリート製格納容器の採用による建屋のコンパクト化、原子炉内蔵型再循環ポンプの導入などが従来の沸騰水型軽水炉（BWR）と異なる。現在、国内では浜岡原発5号機のほか東京電力柏崎刈羽原発6、7号機、北陸電力志賀原発2号機の計4基がある。

中電が新設を検討している6号機は、140万キロワット級の改良型沸騰水型軽水炉（ABWR）。1―4号機でも採用されている沸騰水型軽水炉（BWR）の経験を踏まえて、運転性の向上などを図った最新型の原子炉。国内では今後の新規原発の多くが採用を予定している。

一方で、反対派からは「安全性よりもコストを優先させた原子炉」＝浜岡原発を考える会の伊藤実代表（67＝当時）＝と批判されている。伊藤代表らはリプレース計画公表前後、同型の5号機で連続発生した気体廃棄物処理系の水素濃度異常を問題視する。5号機は今も運転を停止したまま。伊藤代表は「進行中の問題が解決していない中で、新設の話が進むのはおかしい」と語気を強める。

06年の低圧タービン動翼損傷も地元には記憶に新しい。御前崎市議の間からも「（ABWRは）トラブルの多い原子炉というイメージがぬぐいきれない」との懸念が漏れる。

◇

中電の浜岡原発リプレース計画は1、2号機廃炉の代替電源として6号機新設を同時に打ち出した国内初の〝奇策〟。背景には新規立地の困難さが浮かぶ。原発新設をめぐる状況を追った。

芦浜計画　住民を二分

——白紙後も消えぬ対立

紀伊半島南東部、三重県の芦浜地区に１９６３年、旧浜岡町に先駆けて中部電力の原子力発電所立地計画が浮上した。２００８年暮れに表面化した中電浜岡原発のリプレース（1、２号機廃炉、６号機新設）計画は、御前崎市から約１５０キロ離れたこの地でも波紋を広げている。

周辺漁民を二分した激しい〝住民闘争〟は37年間にわたった。終止符が打たれたのは00年2月。後発の浜岡で５号機建設が本格化していた。当時の北川正恭三重県知事は「騒ぎを長引かせた責任は県にも一端があった」と認め、計画の白紙撤回を表明した。

あれから9年。地元・旧南島町（現南伊勢町）には「元通りの平穏な暮らし」（清水初吉元助役）が戻った。「中電の動きもなくなった。もう過去の話」。清水元助役は力説する。しかし、中電が引き続き用地を所有していることが、今も火種になって

芦浜原発白紙撤回の経緯を後世に伝えようと建立された石碑。文面は清水・旧南島町助役（右）がこん身の思いを込めてまとめた＝南伊勢町贄浦漁港内の公園

いる。

芦浜に近い旧南島町の古和浦地区は当時、激しい多数派工作が繰り広げられた。「闘争」の象徴だったこの地区で、推進派を率いた古和浦漁協の上村有三組合長（80＝当時）の思いは白紙撤回以降も揺るがない。「いつでもどうぞ」と言い続けている。

漁業不振に昨年来の不景気が拍車をかけた。推進派が中電の資金援助に寄せる期待は膨らむばかり。「浜岡6号機の新設で、また芦浜は先延ばしやろか。こちらを先にしてくれと言いたい」。上村組合長が切実な思いを口にした。

中電の姿勢は「新規立地は現時点で全く白紙」（静岡支店広報グループ）。ところが、上村組合長のもとには車で約1時間半の松阪市から中電社員が継続的に訪れているという。当時から推進意見が優勢だった旧紀勢町を含め、今も〝候補地〟と受け止めている住民は少なくない。

「愛する海と子どもを守る」。古和浦地区の養殖業富田英子さん（67＝当時）はそう決意し、反対運動の中心的役割を果たしてきた。

【中電芦浜原発計画】

三重県南島町（現南伊勢町）、紀勢町（現大紀町）境の立地計画。1963年に表面化。地元の反対で67年に白紙に戻ったが、77年に国が要対策重要電源に指定したことなどから、南島町を中心に地域二分の闘争が激化した。2000年に当時の北川正恭知事が計画の白紙撤回を表明、中電も建設を断念した。直後に用地の大半が含まれる紀勢町単独での立地も浮上したが、具体化していない。

推進派や中電の動きに「芦浜（の土地）がある限り安心できん。（計画復活は）近づいていると思っている」と、警戒心をにじませる。

頑として譲らない「鉄の女」―。そんな呼ばれ方もした富田さんの心に不安がよぎる。「当時は鬼にも蛇にもなる思いで、なりふり構わず、みんな命がけで白紙撤回を勝ち取った。今、あれだけの闘いができるだろうか」

旧南島町長で芦浜原発阻止闘争本部長を務めた稲葉輝喜南伊勢町長（72＝当時）は「引き続き町が原発を認める余地はない」と力を込める。推進派の心情に一定の理解を示しながらも、「電源マネーはあてにしない。町民のためになるとは思えない」との主張は変えない。

旧南島町には「原発を止めたまち」の記念碑が立つ。「闘争に込めた思いを末永く後世へと伝えていくため」（清水元助役）に。長かった「芦浜原発」模索の陰で、浜岡への集中立地の道が決まっていった。

珠洲　初の自主撤回

――電力自由化の波受け

氷のような北風が肌に突き刺さる。乾いた雪は強風に激しく躍らされていた。石川県の能登半島先端に位置する珠洲《すず》市。人も車も往来はほとんどない。２００９年2月中旬の街角は風と波の音だけに包まれていた。

国土軸から離れた半島の過疎地。珠洲市は活性化の〝妙薬〟として１９７５年以降、原子力発電所の誘致活動を積極的に展開した。地元の思いを受ける形で中部、関西、北陸の電力三社の共同建設計画が86年、実質的に動き出した。

計画は実らなかった。四半世紀にわたり、市民を翻弄《ほんろう》した末、電力三社は03年、〝凍結〟を発表した。当日、中電は電力供給計画からの「珠洲」削除を表明した。事実上の中止。経営判断による初の自主撤回だった。

同市三崎町寺家の須須神社。94年開設の公衆トイレの壁面に、「中部電力寄贈」の文字が刻まれていた。立地促進活動の痕跡の一つだ。各地で原発立地が難航する中、

浦々に点在する集落が立地活動の舞台となった＝2009年2月18日、石川県珠洲市高屋町

電力三社は貴重な新規立地に資金投下し、反対派の切り崩しに躍起になった。

最後まで反対を貫いた同市高屋町の住職（63＝当時）が推進派が発行したチラシを保存していた。先進立地の視察や著名人講演会などの誘いが並ぶ。「浜岡町では（中略）地域の人々に喜ばれています」と大見出しが躍るチラシもあった。

住職が「飲み屋では、今日（の支払い）は〝かあさん〟にしようかーという会話も聞いた」と明かした。「かあさん」は関西電力を表す隠語だった。原発マネーが随所に注ぎ込まれた。「もう3、4年、電力の攻勢が続いていたら（反対派は）負けたかもしれない」

ところが、電力側は自ら幕を引く選択をした。住職は「電力自由化や需要低迷などが取りざたされるようになり、断念の数年前から徐々に電力側の現地

【電力自由化】

電気事業者（電力会社）に独占的供給を認めていた電力の売買について、国は1995年から電気事業参入規制の緩和、2000年から段階的な小売の部分自由化を始めた。競争原理導入で電気料金の引き下げ、産業活性化につなげることが狙い。既存電力会社は完全自由化も見据えた経費削減が課題に浮上した。建設や廃炉などに多額の費用がかかる原子力発電所は、自由化環境になじまないとの指摘もある。

活動の規模が縮小された。発表前に、珠洲に原発はできないと確信していた」と振り返った。

誘致運動をけん引してきた当時の市政は、電力側の一方的幕引きの〝慰謝料〟として、電力三社から計27億円の提供を受け、地域振興基金を創設した。中止同等の〝凍結〟を承諾した。市は原発に依存しない行財政運営にかじを切った。

「〝食〟を真ん中に据えた農林水産業振興や交流人口の拡大を進め、成果も出始めた」。06年に就任した泉谷満寿裕市長（44＝当時）は、そう切り出した。失った原発マネーを悔やむそぶりは全くない。「財政はむしろ好転し、市民の一体感も高まっている」と付け加えた。

原発の影が消えた珠洲市。入れ替わるように山あいに民間風力発電所の建設構想が浮上した。現在は30基（出力4万5０００キロワット）が立ち並び、10基が運転中だ。原発立地に揺れた海では、早ければ今夏にもマグロ蓄養事業が本格始動する。

火発流れ　５号機浮上

――地元軽視の思い今も

中部電力の浜岡原子力発電所で最も新しい5号機の増設構想が明らかになったのは１９９２年12月。４号機建設が大詰めを迎える中、当時の安部浩平社長＝故人＝は定例会見で「現敷地内で対応できなくもない。地元の要請があれば」と前向きな意向を示した。

その数年前から、県内はもう一つの電源立地に揺れていた。中電が89年に新設を地元に申し入れた「清水石炭火力発電所計画」。92年の県議会２月定例会で当時の斉藤滋与史知事は「家の玄関口にかまどをつくる人などいない」と、明確に計画反対を表明した。

５号機の増設計画が唐突に飛び出したのは、そのわずか10カ月後だった。「三重の芦浜、石川の珠洲《すず》の原発計画が硬直化し、清水も頓挫。代替として安易に5号機を考えたのでは」。浜岡原発地元住民らの代表団体「佐倉地区対策協議会」（佐対協）の

100万キロワット級の火力発電所2基の建設が計画されていた敷地（中央）。中電は引き続き所有している＝2009年2月26日、静岡市清水区三保（本社ヘリ「ジェリコ1号」から）

当時の会長、清水一男さん（84＝当時）の胸に疑念がわいた。地元には清水火発をめぐる県と中電の取引を邪推する声まで上がっていた。

当時の県企画調整部長、長井春海さん（75＝当時）は述懐する。「反対表明の前には水面下で安部社長ら中電幹部と接触した。場所は名古屋だった。中電は火発一辺倒で原発の話は出なかった。5号機はその後に中電の戦略として浮上したのだろう」

一方、当時県資源エネルギー課長だった大多和昭二さん（66＝当時）は「反対表明から4カ月ほど後、中電側から初めて非公式に5号機はどうかと打診された」と明かす。

中電側が県庁内での面会を避け、「静岡駅近くの喫茶店」での面談になった。大多和さんは「手のひらを返したように即5号機といっても簡単にはいかない。そもそも5号機まで造る前提ではなかったは

【清水火発計画】

1989年、中電が当時の清水市（現静岡市清水区）に最大100万キロワットの石炭火力発電所2基の建設を申し入れた。経済効果に期待する地元産業界などに待望論があった。清水市議会では立地促進の決議も行われたが、92年2月に当時の斉藤滋与史知事が反対を表明。中電はその後も建設を模索したが、94年度の同社施設計画から削除した。

ず」などとくぎを刺した。しかし、既に山は動き始めていた。

地元は後に報道で「まさに寝耳に水」の「5号機増設構想」に接した。旧浜岡町も佐対協も慌てて中電に真偽をただした。清水さんの当時の記録によると、中電の回答は「社長個人の考えを話されたのだろう。計画は一切ない」だった。中電は翌93年12月、地元に増設を申し入れた。

佐倉地区には、4号機までと明らかに異なる空気が漂った。「4号機で最後」。清水さんをはじめ地元住民の頭に、中電側の言葉がこびりついていた。佐対協は95年3月、初めて「不同意」の意見書を町に提出した。

「十分話し合い、理解した上で、5号機増設に同意したい」という思いから出た前向きな「不同意」だった。しかし、酌まれることはなかった。96年6月、旧浜岡町議会は大多数の賛同で町と中電の交渉入りを容認。見切り発車だった。

「反対とは一度も口にしたことはなかった。地元を軽視している―と強く感じた」。清水さんの脳裏には今も、苦々しさが残る。5号機は後味の悪い形で2005年1月に営業運転を開始した。

東通　立地が後ろ盾

――計画減速に不安の影

青森県・下北半島の太平洋側にある東通村《ひがしどおり》。下北地方の拠点都市・むつ市から車で約30分。畑や牧草地が点在する林間を抜けると、周囲とは明らかに異質な建物群が現れた。村内では原子力発電所１基が稼働中で、今後３基の建設が予定されている。

村役場、体育館、小・中学校。診療所、保健福祉センターなどを集約した複合施設「野花菖蒲の里」―。円弧状に並ぶ公共施設、文教施設に包み込まれるように、分譲地が広がる。村の土地開発公社が１２０区画の宅地を販売していた。

29の小集落が点在し、交通の接続も悪かった。そのため、１９８８年まで約１００年間、村役場はむつ市内にあった。役場の移転は「村民の悲願だった」（70代男性）。街は原発立地の進展と歩みをそろえて、形づくられていった。

「これでコンビニやスーパーさえあれば何も不自由はない」（40代女性）という〝人工都市〟。原発立地に伴う地域振興効果の「典型」として紹介される。大半の施

村中心部でひときわ目を引く村役場などの建物群。この右側に住宅用分譲地が広がる。売却済みは120区画中17区画だった＝2009年2月13日、青森県東通村

設の壁面の石板には「電源立地促進対策交付金施設」と刻み込まれていた。

原発立地に伴って村に転がり込んだ交付金は81年度以降、2008年6月までの合計で約160億円。隣接する六ケ所村、むつ市の核燃料サイクル関連分を加えると、約200億円に上る。償却固定資産税収への期待も大きい。

豊かな財源を背景に村はソフト事業にも独自性を出す。村費で教員を独自に採用し、村内の小規模校を統合した東通小、中学で少人数学級指導や小中一貫教育などを新年度から本格的に実施する。人材育成や定住人口拡大を図るという。

ただ、東北電力、東京電力で2基ずつ予定している計画のうち、98年着工、05年営業運転開始の東北1号機以降、計画は停滞気味。「本当に計画通り進むのか」。65年の誘致決議以来、推進してきた村内にも不安はくすぶっている。

東京1号機は国の安全審査の結果を待つ一方で準備工事を進め、敷地造成は90％完了した。遅れていた着工は09年11月を予定している。

【東通原発計画】

1965年に東通村議会が原子力発電所誘致を決議。敷地面積は、物理的には20基の建設が可能という約800万平方メートル（東西1・5キロ、南北約7キロ）。浜岡原発の約5倍に相当する。東北電力1号機は沸騰水型軽水炉（110万キロワット）、今後建設予定の東京1、2号機、東北2号機は改良型沸騰水型軽水炉（138.5万キロワット）。

ところが、その後の東京2号機は「12年度以降」、東北2号機は「14年度以降」と、電力側の姿勢ははっきりしない。

「消費は隣のむつ市に流れる傾向にあるが、定期点検のたびに延べ約1200人の人口が流入し、村経済に一定の波及効果がある」。村商工会事務局は現状を評価する。基本姿勢は「電力との共存共栄」。増設工事の進展に期待している。

計画が停滞すれば、村は積極財政の後ろ盾を失う。村原子力対策課の担当者は「電力二社にはまず東京1号機、残り2基も計画的に進めるよう繰り返し求めている」と話す。新・増設が全国的にスピードダウンしている状況は、推進側にははがゆく映る。

御前崎市の中部電力浜岡原発では、08年暮れ、6号機新設の構想が持ち上がった。地元には不安や警戒感が広がる一方で、市財政や経済面での恩恵に期待する声もまた存在している。

地元、具体像見えず

――議論これから道長く

「国からの重要電源開発地点の指定には、立地市長の同意を得るなどの（必要）要件があります」――。２００９年2月5日、中部電力の要請を受けて開かれた御前崎市議会の臨時全員協議会。中部電力浜岡原発のリプレース計画に盛り込まれた6号機新設について、中電浜岡地域事務所総括・広報グループの福本一部長から説明があった。

計画公表から約1カ月半たったこの日、環境影響評価や地質調査など当面の課題について、やや踏み込んだスケジュールが示された。中電側は3年程度かけて環境影響評価を実施した後、重要電源開発地点の指定を受けたい意向を伝えた。直接的な言葉ではなかったが、同席した石原茂雄市長には「この3年間で地元の意見集約をしてほしいというニュアンス」に聞こえた。

「判断の材料となる情報は出そろっていない」と石原市長は指摘する。6号機につ

中部電力は6号機の新設を、5号機（写真左）東側に計画している＝2008年12月、御前崎市佐倉（本社ヘリ「ジェリコ1号」から）

いて明らかにされているのは、5号機東側への建設、用地の買い増し、毎秒約100立方メートルの冷却用海水の取水―などの全体像だけ。建屋の配置や耐震性など、計画の具体的な内容は示されていない。中電の阪口正敏原子力部長は「環境影響評価や地質調査の結果などを踏まえ、これから決めていくことになる」とする。

「トラブル続きの1、2号機を新しいものに変えると考えれば（6号機新設も）納得できるが、十分な協議は不可欠」＝農業男性（64）＝、「一日も早く詳細を住民がつかめるようにしてほしい。賛成、反対の意思はその時になって初めて示せる」＝自営業男性（41）＝。2月の説明会に参加した地元住民の声には、限られた情報へのいらだちや不安がのぞく。

リプレース計画には1、2号機廃炉、6号機新設とともに、使用済み核燃料の「乾式貯蔵施設」の建設も盛り込まれた。廃炉になる1、2号機などから取り出した使用済み核燃料を、青森県六ケ所村の再処理工場に搬出するまでの間、一時的に置く施設。衝撃や耐火性など法令の基準をクリアした専用容器（金属キャスク）に使用済み核燃料を入れて保管する。プール方式（湿式）に比べてモーターなどの動的機器がほとんどないため、施設の運用・維持が容易という利点がある。

一方で、行き先となる再処理工場は最終試験段階でトラブルが相次ぎ、本格稼働のめどが立っていない。「計画通りに搬出できるか不透明」「六ケ所が動かなければ、どんどんここに（使用済み核燃料が）たまるということか」。説明会では厳しい質問が飛び交った。

「原発を1基造るぐらい重要な問題なのに」。三つの巨大事業を並行して進める中電の手法に対して住民の間から、そんな不満も聞こえてくる。

石原市長は「とても（6号機や乾式貯蔵施設の）意見集約のめどが立てられる段階ではない」との認識を示す。

地元にとっては1号機以来、6度目となる新規原発の受け入れ問題。賛否の行方を決める「長い議論」は、始まったばかりだ。

「金の卵産む鶴」

――寒村に飛来した計画

落ち着いた表情だったが、一つ一つの言葉には力強さがあった。１９６7年5月末。旧浜岡町の企画課長（後の浜岡町長）だった鴨川義郎（82＝当時）＝御前崎市佐倉＝は、当時町長の河原崎貢（故人）らとともに上京し、水野成夫（故人）と面会した。

「泥田に金の卵を産む鶴が降りたようなものです。お受けなさい」。名誉町民の称号を受けていた郷土の重鎮は、諭すようにそう答えた。

42年たった今も、鴨川には水野の声の響きが忘れられない。

中部電力から水面下で伝えられていた原子力発電所建設計画。この計画について意見を聞くことが面会の目的だった。水野は国策パルプ社長などを務め、財界四天王の一人と言われていた。その「大物」がふるさとを泥の田んぼ、原発を鶴に例え、迷う河原崎の背中を押した。

1967年9月29日の浜岡町議会。この場で、中部電力から原発建設計画の正式な申し入れがあった

故 水野成夫氏

故 河原崎貢氏

鴨川には「河原崎町長はこの時に腹を固めたはず」との思いが強い。水野の一言が「原発の町の行方を決定づけた」と、地元で語りつがれている。

河原崎はその1カ月前の町長選に助役から出馬して、初当選したばかり。「原発の計画を知ったのは就任してから2日目だった」。元町職員の鈴木俊夫（70＝当時）＝同市下朝比奈＝は後に、河原崎からそう聞かされた。鈴木は「まだ原発がどういうものか分からない時代。町長は本当に驚かれたと思う」と推測する。

鴨川ら数人の幹部職員は、基礎知識から徹底的に原発を調査するよう指示を受けた。慌ただしい日々の中で、外部に漏れないように神経も使い続けた。鴨川は「本当に極秘だった。役場内でもほとんどの職員が、原発計画を知らなかったはず」と振り返る。

水野が泥の田んぼと評した旧浜岡町は1955年、いわゆる「昭和の大合併」で1町4村が集まって誕生した。60年代になっても緑茶生産などを主要産業とした典型的な〝農村〟。町の財政は多くを国の交付金に頼っていた。

【水野成夫（みずの・しげお、1899―1972年）】

佐倉村（現・御前崎市佐倉）生まれ。1940年に大日本再生製紙を設立。46年に経済同友会幹事、51年に国策パルプ社長、58年に産業経済新聞社長などを歴任し、時の池田勇人内閣を支えた「財界四天王」の一人に数えられた。

町の職員が使用済みの封筒を裏返しにして張り直し、議員や町内会長あての郵便物に使った。経費節減のための、そんなエピソードも残る。

「自主財源わずか30％そこそこ。財政力の弱い町は職員の給料を支払うのが精いっぱい。何一つ仕事らしい仕事はできない。国や県に陳情を繰り返し、金をもらったり借りたりして歩くことが〝最大の仕事〟というつらさを味わった」

河原崎は自著『山桃の郷』に、町長就任直後の様子をそうつづっている。

町は財政好転の期待をかけて工場誘致にも力を入れた。ところが、交通事情の悪さなど都市基盤のぜい弱さから結果が出ない―。原発計画はそんな「八方ふさがり」の状況下、突然、降ってわいた。

水野と河原崎たちの面会から約2カ月後に計画は報道された。9月末、中電からの正式な申し入れに対して、町は安全確保などの条件付きで受け入れを表明した。＝敬称略

◇

中部電力の浜岡原発リプレース計画で、30年以上にわたった1、2号機の運転が終了した。大きな時代の変化を迎えた地元、御前崎市。関係者の証言などから浜岡原発の歩みをたどった。

芦浜難航　遠州灘へ

——中電、極秘に調査指令

「一緒に遠州灘沿いを調べてみんか」。1967年1月、静岡市内の飲食店。前年の12月に定年を迎えた中部電力静岡支店の元用地課長佐久間博（故人）は自らの送別会の途中、部下の坂本広吉に耳打ちした。三重県の芦浜で一部住民の反対運動がいよいよ熾烈《しれつ》を極めていたころ。静岡県内での調査は、本店からの極秘指令だった。

今年80歳になる坂本が振り返る。「遠州灘は当時すでに国から原発の適地という調査結果が出ていた。会社にとっては縁遠い地域だったが、民情などを急きょ調べ上げることになった」。2月にはライトバンを与えられた。旅館を転々としながら天竜川から御前崎まで「はいずり回る」日々が続いた。産業、政情、地価…。報告書はどんどん厚くなっていった。「車のナンバーを自家用に替え、調査のうわさが流れないよう気を使った」

坂本が極秘指令を受ける4カ月前の66年9月。芦浜の原発予定地を海上から視察しようとした中曽根康弘（後に首相）ら衆議院科学技術振興対策特別委員会の一行が、漁船200隻の海上デモ隊に、実力行使で阻まれた。世に言う「長島事件」。中電の多くの関係者が「あれで撤退が決定的になった」と振り返る事件だった。

遠州灘（下）に面した浜岡原発の建設予定地。左を流れるのは新野川＝1967—70年ごろ、旧浜岡町（現御前崎市）佐倉（関係者提供）

中電がその後、候補地の照準を三重県から静岡県に大転換したのは自然の流れだった。

長島事件が起きたころ、静岡支店は新社屋建設工事が大詰めを迎えていた。5階建ての新社屋が完成したのは、事件から約1カ月後の10月末。完工式には、本店から駆け付けた副社長の加藤乙三郎（後に会長、故人）の姿があった。

中電の複数のOBは、この時に加藤が「静岡県で原発を誘致してくれる状況はつくれないか」と、ひそかに支店長の広中愛三（故人）に相談したと推測する。広中は、井川ダムの地権者交渉などで敏腕を振るった佐久間に特命を下した。佐久間は定年後も支店に残り、若い坂本と2人で「支店内でも極秘」の任務を遂行した。

旧浜岡町の近隣には、掛川市に中電の掛川営業所があった関係で社員やＯＢなど関係者が比較的多かった。そのため中電にとって縁遠い遠州灘沿いの中でも、早くから有力候補地になった。もともと人口が少ない芦浜では〝交渉の顔〟になる地元の中電関係者が決定的に少なかった。そんな苦い教訓が重視された。

佐久間は地域の有力者情報を調べていた。浜岡町で農協組合長や財産区委員長の職にあった鴨川啻一＝当時（68）、故人＝が掛川営業所の住民モニターを務めていた。「信用に足る人間」という情報を得るまで、時間はかからなかった。

67年3月初旬。坂本は佐久間を乗せたライトバンを鴨川の自宅前に止めた。佐久間1人を降ろすと、坂本は走り去った。佐久間は鴨川と初めて対面し、迷わず頼み込んだ。「原発を誘致するような状況をつくってもらえませんか」。中電側が浜岡町の関係者に初めて原発を打診した瞬間だった。

芦浜を追われるように中電がたどり着いた〝浜岡原発〟という選択。「4月に選挙がある。新しい町長が決まるまで私に預からせてほしい」。鴨川の言葉は、嵐の前の静けさを物語っていた。＝敬称略

鉄道幻に苦い過去

――受け入れ説く切り札

三重県芦浜で難航を極めた中部電力の原発を旧浜岡町が受け入れた背景には、地域開発への強い思いがあった。原発の話が舞い込む１９６７年前後も、町は精力的に企業誘致を行っていた。後に男子プロゴルフツアーの舞台にもなる「静岡カントリー浜岡コース」の誘致も、原発の話が来る前に実現していた。

当時の「強い思い」を裏付ける逸話が残る。１号機着工を控えた70年春。神奈川県から自動車部品製造会社の関係者２人が視察に訪れた。目的は３万３０００平方メートル（１万坪）の工場用地探し。「当時の社長に『静岡にいい町を見つけたからすぐ見にいこう』と誘われた」。その後、本社を浜岡に移転し、上場企業に成長した「エイケン工業」相談役（前社長）の河野三征（67＝当時）が述懐する。

初めて現地を訪れた河野は、学校の校舎の立派さに目を見張った。一方で、町役場の古さに驚いた。老朽化してボロボロになった庁舎で、職員がせっせと働いていた。

「寒村ながら子供たちの教育を優先する清貧の町。立地しても大丈夫だと確信した」

同社浜岡工場は71年に操業した。地元雇用は約50人。「住民も役人も純粋で一生懸命。何とか豊かになりたいという思いをひしひしと感じた」。当時の印象をそう語る河野は、「その思いの強さが原発の受け入れにもつながった」と考えている。

地域開発への熱情が育つきっかけは、明治時代に鉄道省が東海道鉄道（現JR東海道線）のルート選定をしていたころにさかのぼる。当時の「静岡大務新聞」を読むと、大崩（焼津）―中泉（磐田）間のルート案として、金谷や掛川など旧東海道の宿場町をつなぐ「宿駅筋ルート」、相良や浜岡など海寄りを通る「海岸筋ルート」の二つが浮上していたことが分かる。

平野部を通る海岸筋ルートはトンネル工事が少なくて済む利点があり、一時は優勢に立った。もし採用されれば、旧浜岡町の中心部（現在の県立池新田高付近）を東海道線が貫くはずだった。

「陸蒸気《おか》」とも呼ばれた汽車は当時、最新鋭の文明の利器だった。未知の技術を前に、人々の賛否は分かれた。海岸筋ルート沿いの住民は「騒音や振動で不漁になる」などと心配したり、熱心な誘致大会を繰り広げたりした。

結局、「距離が短い」などの合理的な理由から、宿駅筋ルートが選ばれる。発展していく沿線市町村を横目に、浜岡の若者の中には生活のために御前崎や焼津の漁船に乗る者もいた。「住民自らの反対で発展の好機を逸した」。海岸筋ルートが選ばれなかった事実はいつしか、〝鉄道忌避伝説〟に変質していった。

「自分も小学校で教わったっけよ。東海道線は昔の人が反対したからできなくなっちゃったって」。御前崎市池新田の男性（62）が証言する。「原発の推進派住民は、土地を売るのをためらう地権者に、『東海道線の過ちを繰り返したいのか』って説得して回っていた。分かりやすい口説き文句だった」。原発への漠然とした不安の声を抑えるには、十分な切り札だった。＝敬称略

地主、漁業者の苦悩

――最後は「国策」に理解

御前崎市佐倉の中部電力浜岡原発入り口にある「協力の森」。美しく刈られた芝生の広場や遊具が整備され、休日になると地元の親子連れなどでにぎわう。一角に立つ記念碑の一面に名前がびっしりと刻まれている。原発建設に当たって土地を提供した地権者たちだ。

１９６７年９月末、中電から旧浜岡町に原発計画の申し入れがあった。地域開発への期待の一方で、最初の難題となったのが用地買収だった。広大な必要用地１６０万平方メートル（50万坪）は、約２９０人の地権者と財産区が所有していた。

交渉は地区ごとに代表の委員を選出して行われた。中電と地権者の間で調整役を務めた元町職員の鈴木俊夫（70＝当時）＝御前崎市下朝比奈＝は「原爆と原発の違いがわからないような時代。しばらくは『先祖代々の土地を手放したくない』という人も多かった」と話す。

地権者の中には移転が必要になる世帯が9世帯あった。現在の原発正門付近に住んでいた西岡敏郎（78＝当時）＝同市佐倉＝は「途中で入院した人や、精神的にきつくなって看護師同伴で交渉に臨んだ人もいた」と明かす。連日連夜の交渉が、地権者たちにも大きな負担になっていた。

地権者にはそれぞれ葛藤《かっとう》があったが、最後は土地を手放した。西岡は思い返す。「国のため、地域発展のため―と説得されたはずだ」。用地買収は69年春にほぼ決着した。

原発計画反対のデモ行進を繰り広げる漁業者ら。補償交渉の妥結までには3年7カ月を要した＝1967年、旧浜岡町（現御前崎市）

同時期、隣の旧御前崎町（御前崎市）や旧相良町（牧之原市）では、計画地の前面海域に漁業権を持つ漁業者たちが、原発計画に抵抗していた。

「中電の社員を地区に入れるな」

御前崎漁協の現組合長、増田勇一（68＝当時）＝御前崎市御前崎＝は、先輩漁業者たちからこう言われたのを思い出す。「われわれは海の環境が変わってしまうことが何よりも不安だった」

漁業者たちは当初、反対強化大会を開き原発予定地から旧浜岡町役場に向かってデモ行進した。漁船200隻による海上デモも繰り広げた。

激しい拒絶反応を示していた漁業者たちの気持ちは、御前崎町長鈴木惣

七、相良町長鈴木八郎＝いずれも当時、故人＝らの説得により徐々に軟化していく。漁業者たちは69年7月、温排水などの影響を自主的に調べる究明委員会を設置した。「反対一辺倒」からの目に見える変化だった。

地元漁協との関係づくりを担った元中電職員の浪越靖夫（67＝当時）＝静岡市葵区＝は「敦賀や美浜に漁業者が出向き、チャーターした船で温排水の水温を直接測ったこともあった。自分たちは一切、手を出さず、見守っていた」と究明活動の一端を思い起こす。

「時には厳しいことも言われたが、お互いに意見を出し合いながら、歩み寄っていけた」。そう述懐する浪越の言葉から、中電側が当時、感じ取っていた交渉の手応えがうかがえる。

漁業者が「温排水が漁業に重大な影響をもたらすものではないと推察される」との結論をまとめ、補償交渉が妥結するまでに、3年7カ月の歳月が流れていた。増田は「外から来た反対派と手を結ばず、漁業者自らが結論を出したことに意義があった。〝国策〟の響きも大きかった」と思っている。

以降、2号機から5号機までの受け入れ議論の中で、漁業者の大きな反対運動は起きていない。＝敬称略

衝撃の東海地震説

――直下に現れた震源域

「うおー」という地鳴りに似た怒号が旧浜岡町民会館（現御前崎市民会館）を取り巻いた。原発受け入れ以来、初めて街中に響いた大規模なシュプレヒコール。4000人を超すデモ隊と1500人の県警機動隊が、交差点で小競り合いになった。

1981年3月19日。騒ぎの中心となった町民会館では、国が「陳述人」の住民から、原発に対する意見や不安を聴く「浜岡原発3号機増設に伴う公開ヒアリング」が開かれていた。

「東海地震説（駿河湾地震説）」の発表はその5年前。原子炉直下に突然〝現れた〟巨大地震の震源域に、人々の不安はピークに達していた。2年前には米国ペンシルベニア州のスリーマイル島原発で深刻な事故が起きたばかりだった。

陳述人の一人、旧小笠町（現菊川市）の消防団副団長、黒田淳之助（後の小笠町

"駿河湾巨大地震"を予測
若手研究者ショッキング
M8クラスの前兆
伊豆の異常隆起や
河津地震クラス続発の恐れ
伊豆半島予知連絡会で

「駿河湾巨大地震説（東海地震説）」の衝撃を伝える当時の静岡新聞（1976年8月24日付朝刊）

長）＝当時（44）＝は混乱を避けるため、機動隊員をかき分けて裏口から会場に入ったことを覚えている。

「東海大地震で原子炉の放射線漏れ事故も予想される。全住民が避難できる待避施設を設置してほしい」。そんな住民の陳述に、国側の回答は「地震が原子力災害に直接結びつくことは考えられない」―。耐震性や原子力事故を不安視する質問が集中したが、国側と陳述人のやりとりは、今ひとつかみ合わずに終わった。

黒田は「（500人以上いた）傍聴人が一人また一人と抜け、自分の番までに半分が空席になっていた。国の説明が難しすぎたんだよ」と回想する。「例えばスリーマイル島原発のことを国の役人は『TMI』なんて平気で略して話す。普通の人はTMIなんて言われても何のことか分からない。あれでは不安はぬぐえないよ」

駿河湾でマグニチュード（M）8クラスの巨大地震が起きる―。東大理学部助手（当時）の石橋克彦が地震予知連でそう発表したのは76年8月23日のことだった。1号機はその5カ月前の3月17日に営業運転を始めていた。中部電力と国は「耐震性は十分に確保されている」と、従来の主張を繰り返した。

「非科学的な論理が介在している」「憂うべき事態だ」。中電が耐震性の根拠としたデータを検証した一部の研究者らは不自然さを指摘し、批判した。県内の地質に詳しい静岡大名誉教授の伊藤通玄（77＝当時）も、中電のボーリングや岩石試験結果のデータ操作の疑いを、粘り強く追及した一人だった。

「1号機の前に東海地震説が発表されていたら、原発なんてとてもできなかっただろう」。今は一線を退いた伊藤が、無力感をにじませた。「原発は一度許せば、同じ所にまた一つ、また一つと、次々造られてしまうのが問題。巨大地震の震源域の真上が適地であるはずはないのに…」

多くの人々を揺り動かした東海地震説。30年以上を経て1、2号機の廃炉にも大きな影響を与えた。不安は払拭《ふっしょく》されないまま、原子炉新設を盛り込んだリプレース計画は動き出した。中電と国にはより分かりやすく、説得力のある説明が求められている。＝敬称略

廃炉で交付金危機

――揺らいだ〝安定財源〟

中部電力が浜岡原発1、2号機を廃炉にして6号機を新設するリプレース計画を発表してから3日後の2008年12月25日。突如表面化した巨大計画の衝撃が収まらない地元・御前崎市で、市の幹部職員に新たな難題が突きつけられていた。

「納得しかねる」――。

職員たちが厳しい口調で迫った相手は、経済産業省資源エネルギー庁電源地域整備室の中村講治室長。同市役所を訪れた中村室長は、「正式決定ではない」と前置きした上で、1、2号機に関連する電源三法交付金を09年度からカットする可能性を示唆した。

「既に交付金を盛り込んだ新年度予算が組み上がっていた。その場にいた職員は皆、耳を疑ったと思う」。居合わせた職員の一人は、そう振り返る。国の意向は市にとってそれほど唐突だった。

経済産業省に出向き、交付金継続を求める協議に臨む石原市長（右から2人目）や川口正俊副知事（同3人目）ら＝2月3日、同省

立地地域共生交付金の配分(当初計画) (単位:万円)

	2008年度	09年度	10年度	11年度	12年度
御前崎市	21,600	27,700	32,900	42,050	47,000
牧之原市	1,110	14,958	7,558	10,068	9,306
掛川市	7,500	10,375	0	0	0
菊川市	0	6,840	5,540	3,040	2,455

➡国がカットの方針を示している部分

09年2月初めには石原茂雄市長が2度にわたって経産省を訪問した。交付継続を直談判した二階俊博経産相から引き出した回答は「県や地元とのさらなる協議に応じる」。ところが、いまだ協議に進展は見られない。

カット対象の交付金のうち、市が最も過敏に反応したのが「立地地域共生交付金」。充当事業をまとめた5年間の地域振興計画に基づき、県を通じて御前崎を含む地元4市に08年度から交付が始まっていた。

市幹部は「振興計画を国が認可した時点で、5年先までの交付は担保されたというのがこちらの認識。市民の要望の高い事業も盛り込んである。カットとなれば影響が大き過ぎる」と憤る。周辺3市からも同様の嘆き節が聞こえる。

「簡単に引き下がれない理由はほかにもある」。御前崎市議の一人が、そんな言葉を口にした。全国各地に高経年化プラントが増え、廃炉問題はこれから多くの立地市町が避けて通れなくなる。その際に、「今回の浜岡1、2号機のケースが、交付金の扱いの先例になる可能性が高い」（同市議）という見方だ。石原市長も「御前崎がどう対応するかに、他の立地市町が注目しているのは間違いない。だからこそ、しっかりけじめを付けなければ」と、

【原子力発電施設立地地域共生交付金】

電源三法交付金の一つで、運転開始30年を超えた原発のある都道府県に対して、25億円（最長5年）が交付される。1、2号機が条件を満たした浜岡原発では、県が地元4市に全額を配分する計画で、2008年度から5年間の当初予定額は御前崎市が約17億1千万円、牧之原市が4億3千万円、菊川市と掛川市がそれぞれ約1億7千万円だった。

外からの目を強く意識する。

県と4市は09年度当初予算に予定通り共生交付金を盛り込んだ。ところが国は「現在も検討中。結果を出すめどは立っていない」（同室）との立場を崩さない。依然として明確な方向性が出ない現状に、御前崎市役所内では「（交付継続は）かなり難しいのでは」とのあきらめムードが漂う。

不満の矛先は中電にも向き始めている。それまで一貫して1、2号機の運転再開を伝えてきながら、経済性という企業論理の下に方針を一転させた。その姿勢が市の関係者には、「地元への影響を全く考えていない」ように映る。

リプレース計画の浮上で、降ってわいた交付金問題に右往左往する立地市。別の市議は表情を曇らせながら、こうつぶやいた。「増設続きのこれまでの歴史の中で、交付金は〝安定財源〟という感覚が染みついていた。このような形で交付金に振り回されることになるとは、誰も考えていなかったはずだ」

◇

前身の浜岡町時代から5基の原発を受け入れてきた御前崎市。これまでの約40年で、原発は自治体経営や地域社会にどのような影響を与えてきたのか。

税収見通しに暗雲

――新設頼みへ傾斜懸念

「10年後の浜岡原発の償却資産税は34億6000万円の減額が予想される」――。御前崎市が2007年8月に開いた市政懇談会で、市の職員が固定資産（償却資産）税収入の厳しい見通しを説明した。08年12月、中部電力が発表した「リプレース計画」は、固定資産税をめぐる市の皮算用をさらに大きく揺るがすことになった。

63億円――。07年度の御前崎市の固定資産税収84億5000万円のうち、中電分が占める割合は4分の3に達していた。原発の償却資産税は51億6000万円。このまま新設や機器の交換がなければ、減価償却に伴って10年後の17年度には7割近くの減額になり、17億円まで落ち込むという試算だった。

「税収を原発ばかりに頼っていられない。そのために自動車関連などの企業誘致を進めているが、不況で厳しい状況が続いている」。市の関係者が漏らした。さらに廃炉で、年間2億円程度とも言われる1、2号機関係の税収が減れば、厳しい見通しに

旧浜岡町（御前崎市）の固定資産税収と中部電力分の推移

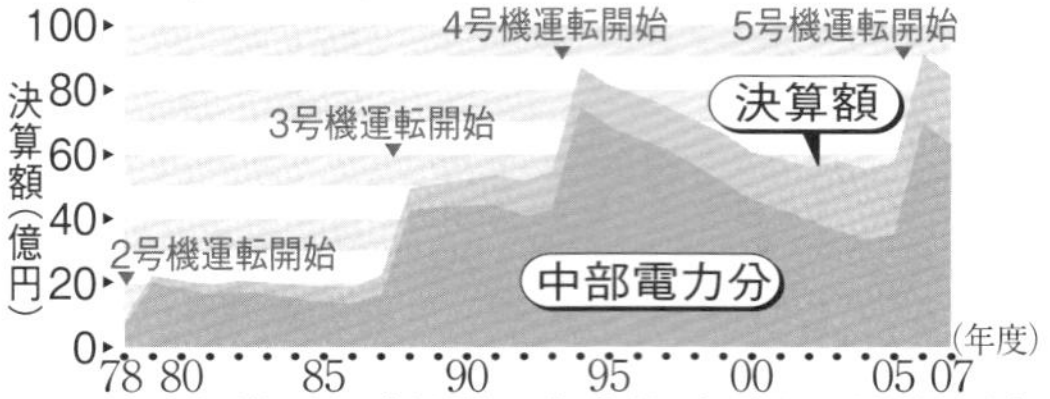

※市税概要などを基に作成（04年度から御前崎市）

建設中の5号機原子炉格納容器内部。高額な設備が運転開始直後に生む巨額の税収は、年を追うごとに急激に落ち込んでいく＝2004年2月、御前崎市（当時浜岡町）佐倉

追い打ちを掛けることになる。

日本原子力研究開発機構（旧・核燃料サイクル開発機構）の新型転換炉「ふげん」が03年3月に運転終了した福井県敦賀市。「納得できなかったですね。廃炉後も原子炉はあるのに課税できなくなるなんて」。税務担当者が、そう振り返る。

ふげんの償却資産税は年間約2億円。敦賀市は運転が終了しても解体が始まるまで課税を続けるつもりだった。原発には「放射能が減るのを何年も待たなければ解体できない」という特殊事情がある。ふげんについては、廃炉の研究施設として活用されることも決まっていた。それも「課税の根拠」と考えていた。

ところが、国の答えは「ノー」。総務省固定資産税課は「発電に使われなくなった時点で、課税はできない」と主張する。「廃炉はその後の税収に大きく影響した。国に何度も掛け合ったが、駄目でした」。敦賀市の担当者はため息をついた。

全国の立地自治体の首長らでつくる全国原子力発電所所在市町村協議会（全原協）も毎年、解体撤去時まで課税期間を延長できるよう要望している。国側は法人の税負担を減らす狙いもあり、考えを変えていない。

1、2号機が09年1月30日に運転終了した浜岡原発。解体時まで課税できれば10年で総額20億円規模の安定した税収が見込める。しかし、敦賀市など先行自治体の例をみれば絶望的だ。償却資産の多くは10年度分から課税対象外になる見通し。市税務課は「10年単位でみれば少なくない額。厳しい時代なので課税できるに越したことはないが、国と中電の判断に委ねたい」と静観する。

一方、もし6号機が新設されれば、初年度30億円以上の固定資産税の増収が見込まれる。「せっかく企業誘致に努力するなど脱原発依存を図っているのに、これでは新設ありきに傾きかねない」。廃炉と新設を同時に打ち出したリプレース計画を前に、市民の一人が懸念を口にした。「結局、次から次へと新しい原発が欲しくなる構図は変わらないのだろうか」

〝原発マネー〟の恩恵

——ハコ物維持に課題も

太陽の光がふんだんに注ぎ込むように設計されたモダンな園舎に、子どもたちの明るい笑い声が響く。送り届けに来た母親たちは、「見違えるようだ」と満足そうな表情を浮かべた。

御前崎市上朝比奈の市立北こども園は2009年4月9日、完成したばかりの真新しい園舎で新学期を迎えた。老朽化した旧園舎にはなかった専用のグラウンドが整備された。窓が大きな保育室は、開放感に満ちていた。

県内2カ所目の「認定こども園」。保育所機能も備えたこども園として3月末に生まれ変わった。市が投入した事業費は約2億6000万円。このうち2億円が電源三法交付金で賄われた。

消費者が支払う電気料金の一部が原資になる電源三法交付金。水力や火力と比べ、原発立地地域には特に手厚く交付される。合併前の浜岡町と御前崎町の時代に計5基

モダンな園舎に生まれ変わった御前崎市立北こども園。建設費には電源三法交付金が充てられた＝同市上朝比奈

の原発を受け入れた御前崎市は２００８年度末までに、約３８９億円を手にした。

交付金によって街路が次々に美しくなった。総合病院や市立図書館、ウオータースライダーを備えた市民プール、総合運動場―。大規模施設が相次いで建設された。「原発がやってくる前、〝陸の孤島〟と言われていたころの貧しい農村の面影はもうない」。市内の無職男性（82）がそう語るように、原発は地元の風景を大きく変えた。

小中学校の校舎建設やグラウンド整備、幼・保育園の建て替えも進んだ。学校関係者の間には「他の市町に比べ、教育環境はかなり充実している」との声がある。

自営業の男性（61）は「良い悪いは別にして、原発が地元を支えてきたのは疑いようもない事実。同じように感じる市民は多いはず」と話す。

市民が豊かな生活を手に入れる一方で、これらの〝ハコ物〟の維持・管理に必要な膨大な経費が、自治体を悩ませ始めている。

「教育や健康増進関連は必要投資だと思うが…」。御前崎市議の一人はそう前置きした上で、「多くの施設が市の財政を圧迫しているのは間違いない」と指摘する。

09年度に市が見込む電源三法交付金には、3―5号機の運転に伴う「長期発展対策交付金」の約10億4000万円などがある。大半が病院事業への補助や各施設関連の人件費などに充てられる。市企画調整課の担当者は「それだけでは賄えない。一般財源や基金から回す分もある」と内情を明かす。税収減など財政状況が厳しくなる中、「施設の維持・管理はこれからの大きな課題」と認めた。

「一度あてにすれば、その後も頼らなければならなくなる」。別の市議は交付金の特性をこう表現し、「簡単に6号機に飛びつけば同じことの繰り返し。まずは、(原発)依存体質から脱却したまちづくりを真剣に考える時ではないか」と強調する。市職員の一人は「昔は『金があるなら施設を』という要望が多かった。今は『こんなに造ってきたけど、本当に大丈夫なのか』と不安視する市民の声が目立つようになった」と感じている。

恩恵を享受してきた地元にも徐々に、〝原発マネー〟の在り方に対する意識の変化が生まれ始めている。

地域に巨額分配金

——運用めぐり時に混乱

中部電力浜岡原発近くのある地区が管理する銀行口座に、6億4000万円もの大金が振り込まれた。2003年5月28日。振り込んだのは旧浜岡町だった。中部電力の寄付金の一部を積み立てた「自治振興基金」からの交付金。自治振興基金は旧御前崎町と合併するまでの間に、全額が旧浜岡町内の6地区に配られた。この巨額の交付金は、時に地元住民を困惑させる原因にもなっている。

基金の原資は浜岡原発1—5号機を増設する度に、中電が「財政協力金」名目で旧浜岡町に寄付した約68億円の一部。残高は5号機受け入れ後の1998—2001年度に35億円に達した。合併前までに数年に分けて、町内の池新田、佐倉、高松、朝比奈、新野、比木の各地区に分配された。

旧浜岡町の人口は約2万4千人。人口に応じて分けられた金は各地区4億—10億円に上った。今は各地区が新たな基金として管理運用している。旧浜岡町側の関係者は

基金の一部は公民館などの建設にも充てられている。2008年10月に完成した佐倉地区の公民館＝御前崎市佐倉

「（合併した）旧御前崎町側の人々はほとんど知らない金ではないか」と推測する。市当局も「旧町時代に交付された金で、市は無関係」という立場を貫く。「町が管理していた時代よりも、運用実態が表面に出にくくなった」という指摘もある。

使途は公民館活動や町内会のイベント、公共工事の地元負担など、公共性のある事業に限られる。「町内会の活動費として補助金を出したり、ゲートボール場の整備、カラオケ機器の購入に充てたりした」。ある地区の関係者が、使途の一部を明かした。国債を数億円分購入して運用している地区もあるという。

「問題は、巨額の基金にもかかわらず、一部の人間だけで使い道が決められていることだ」。地区の基金運用委員の経験がある男性が指摘する。「ある地区では10人ほどの委員が決めて、町内の人々には事後承諾で知らせるくらい。もっとみんなが関心を持ち、民主的に決められるべき」

06年6月には、別の地区で象徴的な出来事があった。地区内のある集落（約70戸）が管理する基金から、一世帯あたり約15万円、計約８００万円の現金が53戸に配られた。地域の汚水処理場の完成を受けて、「下水道の宅内整備分の費用に充ててほしい」という趣旨が住民に伝えられた。

ところが、一部住民から苦情を受けて現金は回収された。「地域で使われるべきお金なのに、一部で勝手に使い道を決めて、個人にばらまいたから怒ったんです」。地元の女性（80）が当時の「憤り」を説明する。女性を含めて「班」に入っていなかった15戸には、配分されなかったことも反発の一因だった。

「当時の総代と一緒に、全世帯に頭を下げて、金を回収したっけよ。いいことだと思ってやったんだけど。確かに少し配慮が足りなかったかな」。元班長総代の男性（63）が苦り切った表情を浮かべた。

回収した金はほとぼりが冷めるまで使う予定はない。「もう何に使っていいか分かんなくなってきたよね。地域の祭りや屋台に使うくらいしかないかもしれない」

住民に恵みをもたらす巨額の基金には、素朴な住民同士をトラブルに巻き込みかねない「もろ刃の剣」の側面がある。

核燃料税頼みの綱

――海上航路の夢捨てず

浜岡原発から海沿いを12キロほど走ると御前崎港が見えてくる。普段はコンテナ船が往来する貿易港が核燃料の輸送日には一変、緊張感に包まれる。この核燃料にかかる核燃料税も、県や地元市の貴重な財源になっている。

「核燃料税を使うことができれば、夢ではない」。元御前崎町商工会長の伊村義春さん（66＝当時）が力説する。御前崎と西伊豆の松崎間を1時間半以内で結ぶ高速フェリー計画。２００1年に促進協議会が発足し、可能性調査や試験運航を重ねてきた。核燃料税を原資に年間５０００万―７０００万円程度が確保できれば、就航は可能―との試算もある。

県税務室によると、5年間（05―09年度）の核燃料税は1、2号機の長期停止や廃炉の影響などで、当初の見積もりから3割減の63億円にとどまる見込み。それでも、御前崎市分は5年間で7億円近くに上る。

敷地内に専用港がない原発は全国で浜岡だけ。核燃料は生活道路を約12キロ、陸上輸送される。だからこそ、「核燃料税は地元のために使ってほしい」。それが、伊村さんをはじめ、輸送時のリスクを背負う御前崎港周辺の住民の思いだった。

フェリー発着場の候補地となっている岸壁（中央手前）＝御前崎市港の御前崎港

フェリーは1隻20億円。伊村さんらは旧浜岡町と合併する際の特例債に期待した。特例債なら地元負担は3割。議会にも説明したが、慎重な浜岡の議員や当局が起債を嫌い、かなわなかった。「裕福な浜岡は金の使い方を知らない」―。フェリー推進派からは落胆の声も漏れた。フェリー計画は長年原発の恩恵に差があった2町間の〝しこり〟を浮き彫りにした。

「空港ができれば、海上航路がまさに生きてくる」。静岡空港の6月開港を控えて、元御前崎町観光協会長の沢入幸夫さん（71＝当時）が力を込めた。空港から御前崎港まで約20キロ。航路が実現すれば、御前崎が西伊豆の新しい玄関口になる。発着場の候補地は「海鮮なぶら市場」の目前。フェリーを待つ旅行客の経済効果が、観光復権の起爆剤になると確信する。

沢入さんは原発の立地が浮上した1967年に静岡鉄道と地

【核燃料税】

県の法定外普通税で、中部電力が浜岡原発に装てんした核燃料価格の10％（※09年12月から13％）を納める。1980年に創設。97年からは税収の15・9％分を地元自治体（現在は御前崎、牧之原、掛川、菊川の4市）にも配分している。原則的に放射線対策や農・漁業の生業安定対策、避難路整備などに使われる。同様の県税は原子力施設が立地する全国13道県が設けている。

元の共同出資で開業した御前崎サンホテルの経営に長年携わり、原発とも向き合った。「旧浜岡町のような恩恵はなくても、旧御前崎町として原発をどう利用できるのか知恵を絞ってきた」。高齢者は灯台、若い世代は海と原子力館が誘客の目玉になった。

絶頂期に年間10万人の宿泊客を誇ったサンホテルは04年に閉館した。遠のいた客足はピーク時の半分に落ち込んでいた。国民宿舎「おまえざき荘」や御前崎観光ホテルなどの老舗も、相次いで廃業していった。

原発は観光業にとってマイナスにはならなかったが、永続的な豊かさを担保してくれるわけでもなかった。沢入さんは言う。「空港開港を控えた今、御前崎市には明確な観光ビジョンが必要。原発マネーをどう使うかが試されている」

フェリー計画は現在、凍結状態。原油高などの逆風下、運航を引き受ける会社はない。「市内の循環バスの維持も厳しいのに、フェリーなんて夢のまた夢」。市の職員も力なくつぶやいた。

「このまま空港が開港しても、御前崎は寂れるだけ。海上航路は最後のチャンスだと思う」。伊村さんは歯がゆさを抱えながらも、あきらめてはいない。「原発の豊かな財源は、夢のあることに使ってほしいじゃんね」

海の幸生む温排水

――環境への影響懸念も

「多いとは感じていたがまさかこれほどとは」。御前崎漁協が２００９年3月に初めて実施したマダイの釣果調査。漁協の関係者から驚きの声が上がった。御前崎沖で遊漁船17隻の客が釣り上げた数は、マダイ釣りの本格シーズン前の3月の1カ月だけで５５０匹を超えた。釣り客を対象にした初の調査結果は、原発がもたらす「海の恵み」の証しだった。

中部電力浜岡原発に隣接する県温水利用研究センター。敷地内には大小80の水槽が並ぶ。水槽をのぞくと1センチほどのマダイやヒラメ、トラフグの稚魚が競うように水面に集まってくる。「水温が高いと餌を食べる時間が増えるので、よく育つんだ」。所長の堀内敏明さん（59＝当時）が目を細めた。

3―5号機から出た温排水の一部は、最長約2・9キロの配管を通って温水研に供給される。日量約1万５０００トン。温排水は自然海水より7度ほど温かく、冬でも

稚魚の水槽をチェックする堀内さん。30年にわたって県の栽培漁業を支えている＝御前崎市佐倉の県温水利用研究センター

水槽の水温を15度以上に保てる。

今はマダイなどの魚にアワビやクルマエビ、カジメなどを加えた8種類の種苗を生産し、県内の漁協に供給している。特にマダイの供給量は多い。毎年１００万—１２０万匹の放流を実現している。遠州灘名物のトラフグの生産目標も年間10万匹。「原発ができたから今の静岡県の栽培漁業があると言ってもいい」。30年にわたって温水研の研究に携わってきた堀内さんが、そう断言する。

県水産技術研究所（焼津市）の調べでは、県内で捕れるマダイの3—4割が放流した魚という。放流したマダイは鼻の穴が一つしかないので容易に判別できる。「御前崎のマダイは7割以上放流もんだよ」。地元の男性漁師（61）が相好を崩した。「昔は冬から春にかけてマダイなんか釣れなかった。今これだけ豊かなのは温水研のおかげだらえね」

05年には国内で初めてクエの完全養殖に成功した。卵か

【温排水】

発電タービンを回した後の高温の蒸気を冷やして水に戻すのに使われた海水。沖合の取水口から取り込まれ、タービン建屋にある「復水器」内の細管を通って放水口から海に戻される。放射能を帯びた原子炉内の水や蒸気とは系統が隔離されていて、混ざらないようになっている。

ら育てた親魚からさらに卵をかえす完全養殖。原油高の中、一年を通じて19度以上の水温を維持しなければならないクエの養殖には、ボイラーの燃料費がかからない原発の温排水が不可欠だった。

クエは1キロ8000―1万円の浜値で取引される「幻の高級魚」。08年には5万匹以上の量産に成功し、御前崎に1万匹余り、伊豆に2000匹の稚魚を放流した。「原発の温排水があるのは絶対的な強み。将来は経済効果が高いクエを御前崎から全国発信できる」。堀内さんが期待する。

ただ、地元の漁師の間には原発から直接海に出される温排水に対する懸念は根強い。5号機の場合、毎秒95トンが次々海に戻されている。中電側は「温排水による環境への影響は放水口周辺にとどまり、水温や漁獲量に長期的な変動傾向はみられない」と説明する。

「温排水自体は海の環境に良いわけないだよ」。1号機受け入れ時に苦悩した御前崎漁協の増田勇一組合長（68＝当時）が語気を強めた。かつて周辺の海に豊富にあったカジメなどの海中林は原発と入れ替わるように姿を消した。「原発との因果関係は分からないけど、これからも共存していく以上は、中電や県には徹底的に対策を講じてもらいたいよね」。地元漁師の複雑な思いが揺れていた。

新型炉の開発着々

――国家挙げて輸出攻勢

フラマンビル（フランス）

首都パリから400キロほど離れたフランス北西部の沿岸。海の向こうにイギリスがかすんで見える。フラマンビル原子力発電所の敷地に入った。

「あらゆる面での向上をコンセプトに、フランスの経験、技術が結実した」――。電力会社EDF社の渉外担当ルグランさんはそう切り出した。指さす先にはフランス国内初の「欧州加圧水型原子炉（EPR）」の建設現場が広がっていた。

建設が始まった2007年以降、サルコジ大統領は自ら原子力外交を積極的に展開した。EPRはイギリス、イタリア、中国、インドなどに導入されることが決まり、国家ビジネスの様相を見せている。

フランスは20年をめどに日本、アメリカの協力も得て次世代原型炉を世に出す計画も着々と進めている。国内総発電量の約8割を原子力発電が占めるこの国に、一時は欧州全体の潮流だった「脱原発」の空気は、もはや存在しない。

EPRの建設現場を指さし、「すべての面での向上をコンセプトに開発された」と説明する電力会社渉外担当者＝2009年3月20日、フランス・フラマンビル

ＥＰＲは実質的には政府系企業の原子力産業世界最大手、アレバ社が開発した。同社と資本提携関係にあったドイツ・シーメンス社の技術も生かされた。第１号機はフィンランド・オルキルオトで建設中で、フラマンビルは第２号機として着工された。ともに12年の運転開始を予定する。

「最新防護システムで航空機の衝突にも、燃料溶融にも十分な安全性を確保した」と、ルグランさんは力を込める。出力は世界最大級の１６０万キロワット。中部電力浜岡原発の５号機で採用されている改良型沸騰水型軽水炉（ＡＢＷＲ）と同じく「第三世代」に区分されるが、先進性を加味し「第三世代プラス」と呼ばれている。

敷地内３基目となる原子炉建設にも「経済効果を期待する地元からの要望」（ＥＤＦ社）が寄せられた。40代の男性運転手は「近隣に再処理工場もあり、原子力とは30年余りの付き合い。先端技術を駆使した安全性に不安はない」と、さらりと答えた。

フランスには国内19カ所に58基の原子炉があり、20年代から高経年化によるリプレースが本格化する見込み。ＥＰＲはフラマンビル

【欧州加圧水型原子炉（EPR）】

フランス・アレバ社が開発した次世代型の加圧水型炉（PWR）。原子炉格納容器や配管系の改良で、欧州共通の新安全基準を満たす安全性を確保した。運転寿命は従来型の40年（同国内）を大幅に上回る60年に設定。燃料使用量は従来型の130万キロワット炉に比べて17％減、放射性廃棄物量も30％抑える見込みで、同社はコストや環境面の利点も強調する。

に続き、同国北部のパンリーで12年に着工される。ＥＤＦはこの２基で実績を積み、段階的にＥＰＲによるリプレースを進める方針だ。

ここに来て国内のリプレース以上に「世界戦略炉」としての存在感が増しているＥＰＲ。

日本原子力研究開発機構パリ事務所の佐藤和二郎所長は「原子力は完全に国の基幹産業。フラマンビルは海外に売り込むための先行導入」との見方を強めている。フラマンビルには視察申し込みが相次ぎ、「地元や欧州各国のほかアメリカ、中国からが目立つ。日本人の視察もある」（ルグランさん）という。

◇

「原子力立国」をうたう日本。原子力発電の維持・拡大が揺るがない路線として存在する。中部電力浜岡原発は１、２号機廃炉と６号機新設を同時に進める「リプレース計画」を打ち出した。海外の原発を取り巻く環境はどう動いているのか―。欧米の原子力大国を訪ねた。

原子力大国の背景

――国民理解へ教育重視

マルクール（フランス）

スイスの氷河に端を発し、フランス中・南部を地中海に抜けるローヌ川は年間を通して豊富な水量を誇る。この大河が中流から下流に移る辺りの川べりに、フランスの原子力研究開発拠点の一つ、マルクールサイトはあった。

広さ約３５０万平方メートル。中部電力浜岡原発の約2倍の敷地に、フランスの高速増殖炉開発を先導してきた原子炉「フェニックス」やフランス原子力庁（ＣＥＡ）の研究施設などが立ち並ぶ。浜岡原発4号機で使用されるプルトニウム・ウラン混合酸化物（ＭＯＸ）燃料が作られた燃料工場も敷地内に立っていた。

サイトの一角に２００５年に開館した、原子力関連研修施設「ビジアトム」。09年3月下旬、近郊の街から10歳児の団体が課外授業に訪れ、施設担当者らが説明に当たっていた。「年間来場者約2万人のうち、2分の1は児童や生徒。環境やエネルギー、原子力関連の教育に活用されている」（ＣＥＡ）という。

原子力関連の研究開発施設が集積したマルクールサイト。ローヌ川のほとりに広がる＝フランス南部（Ⓒ CEA）

館内の展示は日本国内では目にしない特徴的な構成。見学コースの入り口にあるのは、デザイナーがあらゆる生活ごみや金属ごみを積み重ねて制作したオブジェ。身近なごみ問題に注目させたところで、放射性廃棄物の問題に誘導する。原発の仕組みやエネルギー、地球温暖化問題などについて学ぶのは、その後だ。

ＣＥＡの報道担当ガルニエさんは「フランスにとっても廃棄物は原発のアキレスけん的存在」と指摘する。「燃料のほとんどを安全に再利用できること、数パーセント残る最終廃棄物の処理が必要なこと―について、国民の理解を得ないと前に進めない」と強調し、こう付け加えた。「将来を担う学生に伝えることは私たちの義務だ」

原発で国内総発電量の約8割を賄う状況がなぜ国民に支持、容認されてきたのか―。その答えの一つをガルニエさんの姿勢が示唆しているようだった。

「誰も真実を話していないのではないか―という思いは消えない」（50代、男性運転手）。近隣住民の一部からは不安の声も漏れてくるが、透明性の高い広報、教育は着実に、地域住民の理解を醸成してい

【MOX燃料】

ウランとプルトニウムの酸化物を混合して作る。プルトニウムは原発の使用済み燃料から調達する。この燃料を使用し、軽水炉で発電することを「プルサーマル（プルトニウムとサーマルリアクターの合成語）発電」という。2010年度から浜岡原発4号機で使用されるMOX燃料は09年3月、フランス・シェルブール港を出港し、海上輸送中。5月後半に到着し、浜岡に搬送される予定。

た。

日本原子力研究開発機構パリ事務所の佐藤和二郎所長は「日本同様、資源に乏しい国だが、置かれてきた環境は大きく異なっていた」との見方を示す。「戦争を繰り返した歴史の中で、フランス人にはエネルギーを自前で確保しなければという意識が非常に高くなった」。自前の原子力技術を保有することで国際的な存在感、発言権が保障される—。日本では拒絶感が強い、そんな国民意識も背景にあるとみる。

フランスは世論を味方に、一時指向した再生可能エネルギー（風力、太陽光など）の導入促進による原子力発電比率の低減方針を転換した。原子力ビジネスの好況も受けて今、国内原発の設備容量維持路線に大きくかじを切っている。

揺れる「脱原子力」

——運転延長で駆け引き

ビブリス（ドイツ）

「裁判所、ビブリス原発Ａ号機の運転期間延長認めず」—。２００９年3月27日、ドイツ国内の新聞に見出しが躍った。延長を求め提訴していた電力会社（ＲＷＥ社）は「当方の主張は正当であり、裁判所の判断は残念」「ビブリスのために戦い続ける」と、間髪を入れずにコメントを発表した。

02年に「脱原子力」路線を法律に明示したドイツ。国内の原子炉ごとに発電可能電力量を設定し、満了時点で廃炉にするよう定めている。国内で最も古いビブリスＡ号機（１９７５年運転開始）について、ＲＷＥ社は、別の発電所の〝持ち分〟を移す方法での延命策を模索した。今回の敗訴で、Ａ号機は早ければ10年春にも廃炉にされる可能性が出てきた。

同国内では脱原子力路線の下、これまで2基が廃炉になった。ただ、今も17基の原子炉が稼働し、国内総発電量の約22％（07年度）を賄う。原子力は約47％を占める石

運転期間延長をめぐる駆け引きが続いているビブリス原子力発電所＝2009年3月25日、ドイツ・ヘッセン州ビブリス

炭火力とともに基幹電力の座にある。ＲＷＥ社は「安定供給、価格維持などの観点から原子力の維持は必要不可欠だ」（ビブリス原発担当重役）と訴える。

「ドイツのエネルギー政策は八方ふさがりの状況だ」。同国の発電事情に詳しい現地の電力産業関係者は指摘する。閉塞状況の要因として、「風力発電は陸上の建設可能な場所にはほぼ造り尽くした」「二酸化炭素排出量が多い石炭火力は温暖化対策上、削減が必要」「天然ガスに頼れば、産地ロシアへの国際依存度が高まる」―などと列挙した。

政権中枢からも「原子力再考」を提起する発言が相次いでいるという。

「私たち州政府は脱原子力に一貫して反対してきた。（風力、太陽光など）再生可能エネルギーが代替として不十分なことは明白だ」。ビブリス原発Ａ、Ｂ号機があるヘッセン州の州政府環境省で原子力保安分野を担当するフィンケ課長は強調し、Ａ号機の運転継続に期待感をにじませる。

【ドイツの脱原子力】

社会民主党と緑の党による前シュレーダー政権が2001年、大手電力側と脱原子力協定を結び、翌年、「商業発電のための原子力利用の秩序正しい終結に関する法律」（通称・脱原子力法）を施行した。20年ごろまでに段階的にすべての原子炉を閉鎖する計画。代替電源として力を注ぐ再生可能エネルギー（風力、太陽光など）は国内総発電量の14・2%（07年）を占める。20年までに30%の達成を目標としている。

一方、環境運動団体のヘッセン州役員ヴィンターさんは「A号機の運転延長裁判や、（点検や補強工事に伴う近年の）長期の運転停止は、次期政権のエネルギー政策の変化に期待した引き延ばし策でしかない」と批判する。この見方は、立場が異なるフィンケ課長にも共通していた。

フィンケ課長、ヴィンターさんはともに、「脱原子力の今後」を見通す最大のキーワードに「次期連邦総選挙」を挙げた。

「子どもの未来に心配を残したくない」（30代女性）「原子力は環境に優しい。むやみに不安をあおらないで」（60代女性）―。人口約８８００人。経済に与える影響への懸念から、運転延長容認論が強いとされてきた地元ビブリス。市民の心は今、先行き不透明なエネルギー政策の下で揺れ動いている。

新エネ大国に転機

――原子力回帰の動き

ベルリン（ドイツ）

ドイツの首都ベルリンの郊外にあるテーゲル湖のほとり。市上下水道公社の送水場の屋根に、約２５００枚の太陽電池パネルが並んでいた。未利用スペースを有効活用しようと、２００８年夏から設置を始めた。約６０００枚まで増やし、約３万人分の送水電源にする構想だ。

ドイツは再生可能エネルギー（太陽光、風力など）への事業参入を「電力の固定価格買い取り制度」などで強力に後押ししてきた。太陽光による電力供給量は１９９０年の約３００倍に増えた。

風力発電所開発では世界を先導してきた。90年の４０５施設が、07年には１万９４６０施設（ドイツ連邦環境省統計）になり、国内総電力の約６％を占めるまでに成長した。陸上での建設が飽和状態に近づき、北海やバルト海での洋上風力発電の実施も検討されている。

送水場の屋根に並ぶ太陽光パネル。こうした再生可能エネルギーの導入が進む一方、原子力再考の動きも顕著に＝2009年3月26日、ドイツ・ベルリンの市上下水道公社

エネルギー源の移行を順調に進めてきたかに見えたドイツ。そんな新エネルギー先進国で今、政権再編を見越した「原子力再考」の議論が表面化し始めた。脱原発への世論は「賛否が均衡し、激しい反原子力の動きは見られない」（海外電力調査会・木村悦康首席調査員）。この国の動向に世界の電力関係者の視線が注がれている。

日本原子力研究開発機構パリ事務所の佐藤和二郎所長は「ドイツが路線を見直せば、欧州の潮流は原発一色になる」と予測する。86年のチェルノブイリ原発事故（旧ソ連）以来、脱原発を選択した国々が、次々と「復帰」の方向を示しているからだ。

ドイツと並んで、脱原発政策の「本家」ともいわれるスウェーデン。与党四党は09年2月、既存原発のリプレースを容認することに合意した。

スウェーデンには06年、原発の活用に前向きな政権が誕生した。世論調査でも、原発新設支持が6割を超えた。「方針転換に十分な環境が整った」。木村首席調査員はそう分析する。次期EU議長国として、地球温暖化対策に道筋を付ける狙いが背景にあった―との指摘もある。

オランダは既存炉の運転延長を検討中だ。イギリスは09年1月に新規炉建設を許可する方針を明らかにし、スイスは90年の国民投票で凍結した新設を03年に「解禁」。原子力から完全撤退していたイタリアも新設にかじを切っている。

原発回帰か脱原発継続か―。ドイツの選択の鍵を握る次期総選挙は、ベルリンの壁崩壊から20年を迎えた今年の9月。原子力の活用に積極的なメルケル首相が率いる保守勢力の議席数の変動、連立政権の枠組みに、世界は関心を寄せる。

複数の関係者の話を総合すると、「仮に見直しがあってもまずは既存原発の運転期間延長。一足飛びに置き換えや新設容認に至ることはない」という見方が有力だ。

トラブルで不安増幅

――住民自ら廃炉を選択

サクラメント（米国）

車窓から見える小高い丘の向こうに、ランチョ・セコ原発の巨大な冷却塔が現れた。米国カリフォルニア州サクラメント近郊。州都の威厳があふれる中心街からハイウエーに乗って1時間ほど。牧歌的な風景が広がり始めていた。

1989年6月。地元住民は、住民投票という自らの選択でこの原発を廃炉に追いやった。

「もちろん『運転再開はノー』に投票したさ」。当時住民投票に参加した元教員クレセンシオ・ラミレスさん（72）が述懐する。「原発の技術は何年たっても改善されないまま、トラブルが減らない。放射性廃棄物の問題は今日でも課題のままだしね」

ランチョ・セコ原発が営業運転を開始したのは75年4月。中部電力浜岡原発1号機が、1年後の営業運転を目指して試験運転を行っていたころだ。電気を安く、安定して得られる〝夢の原子力時代〟が、日米を問わずに訪れようとしていた。

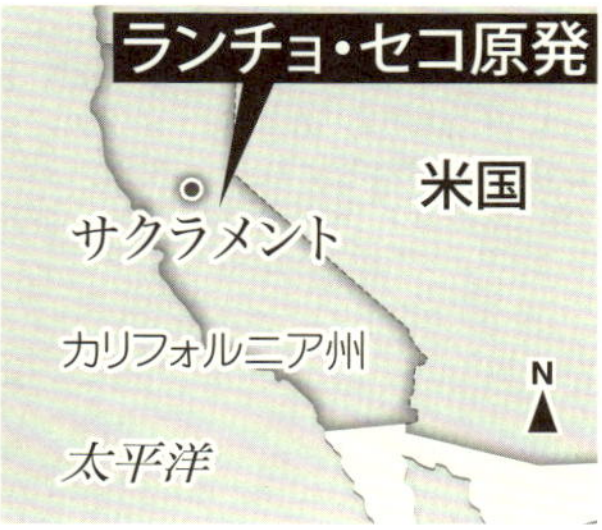

住民投票で廃炉になったランチョ・セコ原発。2つの巨大な冷却塔が見える＝米カリフォルニア州サクラメント近郊

「安い原子力エネルギーの約束は巨大な冷却塔から上る水蒸気のように立ち消えるだろう」。運転開始から11年後。86年5月の地元紙「サクラメント・ビー」の見出しから、当時の市民の失望感が伝わってくる。「トラブルの泥にまみれた原発」。発電コストは10年の間に5倍に跳ね上がっていた。結局、廃炉まで14年間の設備利用率は40％ほど。平均で1年のうち7カ月以上は止まっていた計算になる。

79年3月にペンシルベニア州のスリーマイル島原発で核燃料が溶ける重大事故が起き、86年4月のチェルノブイリ原発事故（旧ソ連）が追い打ちを掛けた。ランチョ・セコ原発がスリーマイル島原発と同じ設計だったことが、住民の不安を増幅させた。

「姉妹機だったのよ。ランチョ・セコとスリーマイルは」。市内に住む女性（68）の怒りがこもった言葉が、当時の不安を物語る。「運転再開を阻止しようと、市民が草の根で団結したのよ」。女性は、目を輝かせてそう言うと「今は原発が無くなって、とてもリラックスできるわ」と、小さなガッツポーズをみせた。

原発の持ち主はサクラメント電力公社（SMUD）。市民自らが運

【ランチョ・セコ原発】

米カリフォルニア州サクラメント市街地の約40キロ南東にあるサクラメント電力公社（SMUD）の原発。出力91.3万キロワット。建設費約3億8千万ドル。廃炉後も建屋と冷却塔が残り、太陽光発電などが行われている。SMUDによると、高い放射能を帯びた使用済み核燃料は敷地内の貯蔵施設で保管し、低レベル放射性廃棄物などはユタ州の処理場に運び出したという。

営する公営企業で、選挙で選んだ理事が経営方針を話し合う。日本の電力会社のような営利企業ではない。市民が〝株主〟のようなものだから、原発を廃炉にするかどうかの住民投票が可能だった。

「どちらに投票したかって。当時のことはすっかり忘れてしまったよ」。修理工としてランチョ・セコ原発の仕事を受けていたという男性（70）の思いは複雑だった。運転再開を望んでいたのだろうか。柔和な表情がみるみる曇っていった。「廃炉が正解だったかなんて、誰にも分からないさ」

投票率40％、運転再開に反対53・4％、賛成46・6％―。市民を二分した世紀の住民投票から約20年。隣接する自然公園には、すっかりのどかな空気が戻っていた。

汚名返上した公社

――新エネ開拓者に転身

サクラメント（米国）

理事の一人が地元住民の意見を代弁した。「請求書のオンライン化を進めれば、浮いたお金をより多くの太陽光発電に回せます」。米カリフォルニア州サクラメント市のＳＭＵＤ（スマッド、サクラメント電力公社）本社で２００９年2月中旬、理事会を傍聴した。壇上には各地区住民代表の理事7人が並んでいた。住民自らが主役の理事会は、市民一人一人に電力事業を「自分自身の問題」として考えるきっかけを与えている。

「ＳＭＵＤ？　良くやってると思うわ。私は好きよ」。市内の主婦（37）の笑顔がすべてを物語っていた。故障続きの原発「ランチョ・セコ」を運転していた〝悪名高き〟電力公社。１９８９年の住民投票でＳＭＵＤはこの唯一の原発を失った。廃炉をばねに、今や、アイデアあふれる再生可能エネルギー（風力、太陽光など）の「開拓者」として、転身を遂げている。

20年前の廃炉をばねに再生可能エネルギーの導入を進めるSMUD本社＝2009年2月中旬、米カリフォルニア州サクラメント

「今は電力の20％を再生可能エネルギーで賄っている。われわれは常にエネルギー効率を改善する努力をしている」。総裁のジョン・ディスタシオさんが自信をみせる。言葉通り、本社ロビーにはユニークな制度を紹介したパンフレットがあふれていた。

ＳＭＵＤは古い冷蔵庫の買い替えや、家屋の断熱工事を金銭的に支援している。低所得者は無償。家庭のエネルギー効率を向上させて、電力消費を抑えるのが狙いだ。ＳＭＵＤは過剰な設備投資を避けられ、市民も電気代を節約できる利点がある。

１００万本の植樹を目指す「木陰による省電力作戦」。周囲の景観に合わせた落葉樹を街路や一般家庭の庭に無料で植えてくれる。木陰は家庭の冷房コストの40％以上を削減し、真夏の消費電力のピーク抑制にも貢献する。原発を失った後の20年間で、38万本以上を植樹したという。

【SMUD（サクラメント電力公社）】

1946年に設立された住民による非営利企業。管内面積は約2330平方キロで静岡県のおよそ3分の1。契約消費者数は59万世帯・事業所。7地区の住民から選挙で選ばれた理事による理事会が意思決定機関として民意を反映する。太陽光発電や電気自動車の普及も積極的に進めている。

「グリーナジー（緑のエネルギー）」は再生可能エネルギーでつくった電気を月額3－6ドルの割増料金で希望者に売る制度。「割増分は再生可能エネルギーの普及に回す。5万人もの会員がいて、普及に関心を持ってくれている」。ディスタシオさんが目を細めた。

街角の評判も上々だ。「割増料金がかかっても、個人では大した額じゃないから気にならない」。原発肯定派を自認するブレット・ミスケスさん（26）も興味を示す。「大勢から取れば大きなお金になる。それを再生可能エネルギーのために使ってくれるんだよね」

カリフォルニア州は再生可能エネルギーへの関心が高い土地柄。背景には、76年に成立した「カリフォルニア原子力安全法」の存在がある。この州法は高レベル放射性廃棄物の最終処分のめどがつくまで原発の新設を禁じている。

「原発は確かにCO_2を出さないが、もはや住民は賛成してくれないだろう。将来、再び必要になる時は来るかもしれないが、その前にすべきことはたくさんあるはずだ」。ディスタシオさんの言葉は、州都のエネルギー政策を担う誇りと責任感に満ちていた。

活断層直下で発見

――住民「ノー」、運転に幕

ユーリカ（米国）

米国カリフォルニア州サンフランシスコから車で北に向かうと、6時間ほどで広大なフンボルト湾が見えてくる。湾の恵みを生かした林業や漁業で州北部の拠点都市として発展した港町ユーリカにあるのが「フンボルトベイ発電所」。今は火力発電所だけが稼働する敷地内にかつて、活断層の発見で廃炉に追い込まれた原発があった。

「廃炉は大賛成だ。ついておいで」。海辺に住む地元の男性（80）が、原発が見渡せる小高い丘に案内してくれた。「何よりも、ここの原発は古かった。排気筒から汚染物質が出ることも心配していたからね」。男性が健脚を披露して登った標高30メートルほどの丘は、津波避難用の高台だった。「また津波が来たら、みんなでここに登るのさ」

1964年に世界最大級のM（マグニチュード）9・2を記録したアラスカ地震。ユーリカの町も津波に襲われた。隣町で12人が命を落とした。フンボルトベイ原発が

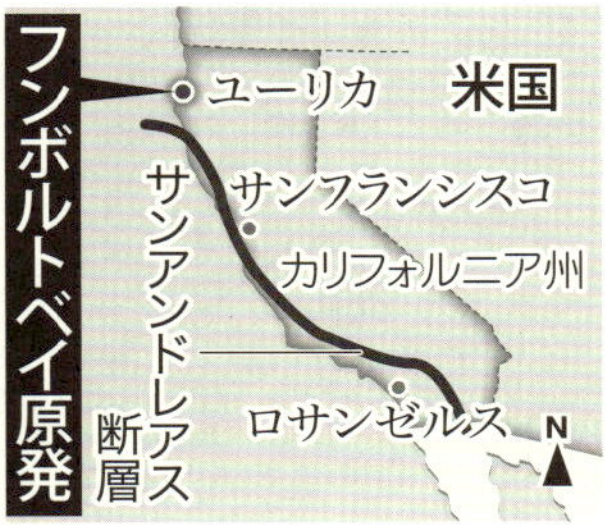

耐震補強の経済性などを理由に原発を廃炉にしたフンボルトベイ発電所＝2009年2月中旬、米カリフォルニア州ユーリカ

西海岸初の原発として運転を始めた1年後だった。住民の間に「地震と原発」の不安がぼんやりと芽生え始めていた。

「72年には発電所の真下に活断層（リトルサーモン断層）が見つかったんです」。地元住民による草の根組織「レッドウッド同盟」の代表マイケル・ウェルチさん（58）が振り返る。レッドウッド（アメリカ杉）は樹高100メートルにもなる地元特産の巨木。近くの森はレッドウッド国立公園などの世界遺産で知られる。廃炉を求める住民はレッドウッドの森を旗頭に闘った。

「何千もの人々が運転に反対しました。原発の建設当時には活断層があるなんて誰も知らなかったんですから」。カリフォルニア州は環太平洋地震帯にあり、長さ1300キロのサンアンドレアス断層が縦断する。ユーリカ沖でも近い将来、沈み込み帯でM9級の地震が発生する―との説がある。発電所直下を通る長さ約50キロの活断層はこの巨大地震と連動する可能性もあるとされ、「とても原発を建てる場所ではない」（ウェルチさん）。

フンボルトベイ原発は76年に運転を停止し、耐震補強が検討され

【フンボルトベイ原発】

全米7番目の商用炉として1963年に運転を始めた沸騰水型軽水炉（BWR）。出力6.5万キロワット。今年中にも始まるとみられる同じ敷地内の火力発電施設の建て替えに伴って、原発の解体撤去を行う予定。取り出した使用済み核燃料は敷地内の乾式貯蔵施設に保管している。所有者はPG&E（パシフィック・ガス・アンド・エレクトリック）社。

た。79年のスリーマイル島原発事故が逆風になり、住民の運動が激化。83年、耐震補強工事の経済性などを理由に、静かに廃炉の道をたどった。

「原発が無くなった後はわれわれが行動する番」。反原発だけでは将来につながらない。そんな信念がウェルチさんにはあった。今は、雑誌編集者として太陽光パネルの普及や地球温暖化対策に取り組んでいる。「原発は地震や事故が不安だし、送電ロスもある。安全で小さな発電所を街中にたくさん増やすことこそが、正しい選択だと思う」

米原子力規制委員会によると、米国で運転中の原発は104基。うち90%以上が米本土の東側に集中している。この事実は、カリフォルニア州が原発に毅然《きぜん》とした態度を貫いてきた証しでもある。今も同州で運転を続ける4基の原発には、常に住民の厳しい視線が向けられている。

「核のごみ」どこへ

――汚染を懸念エコ生活

アルカタ（米国）

カリフォルニア州の北端の町アルカタ。レッドウッド（アメリカ杉）の巨木の森に囲まれた小さな町は、州立フンボルト大学の〝城下町〟として若者のエネルギーがあふれていた。大学の構内にある一軒家を訪ねた。「ＣＣＡＴ（シーキャット）ハウス」。30年前から代々、学生が住み込んで「持続可能な生活」の実験を行っている。

「電気はほとんど屋根の太陽光発電で賄っているわ。電気代は補助用に契約した5ドルの基本料金くらいかしら」。２００９年1月から住み始めた2年生のケイト・ドンデロさんは、屈託のない笑顔で家の中を案内してくれた。

学生3人が暮らす小さな家は、省エネや自給自足の工夫でいっぱいだった。窓とカーテンの間などに断熱シートを入れて熱の漏れを抑える。下水や雨水をろ過して再利用するのは基本中の基本。洗濯機は一方向にしか回らない。「回転方向を変える負担がない分、消費電力が小さいのよ」

「この家には何でもそろっているわ」と笑顔を見せるドンデロさん＝2009年2月中旬、カリフォルニア州アルカタのフンボルト大学

自転車を改造していろいろな道具に取りつけた「ペダルパワー」も欠かせない。家庭菜園で育てた薬草などを挽《ひ》くフードプロセッサーも、自分でペダルをこいで回せば無駄な電気を使わない。

ドンデロさんはテレビの前に座ると、発電機につなげたペダルを元気よくこぎ始めた。「どうしてもテレビを見たい人は、やっぱり自分で発電するのよ」。彼女の足が小気味よく動いている間だけ、小さなブラウン管にニュースキャスターの顔が浮かび上がった。

ドンデロさんの出身地ネバダ州にはユッカマウンテン（山地）がある。１９８７年、全米の原発から排出される高レベル放射性廃棄物の最終処分場候補地になった。「ユッカ山地が核のごみ捨て場になって、大切な水脈が汚染されたら困るわ。ネバダ州には先住民族も住んでいるし、何より私の故郷だから」。そんな思いが、ドンデロさんをＣＣＡＴハウスの生活に導いた。

オバマ大統領が白紙撤回したユッカ山地の最終処分場計画。「グリーンニューディール政策」として安全な再生可能エネルギー（太陽光、風力など）の一大産業化を進めるオバマ大統領にとって、核のご

【ユッカマウンテン】

ネバダ州・ラスベガスの北西約140キロにある標高1500メートルほどの山地。1987年、州政府の抵抗を押し切り、連邦政府が全米の原発から出る使用済み核燃料など高レベル放射性廃棄物を最終処分する国内唯一の候補地に選んだ。2009年、オバマ政権が計画を撤回した。これまでに投じられた調査費は9000億円。建設費などのために電気利用者から集めた積立金は2兆円以上に達する。地震地帯にあり、水脈汚染なども懸念されていた。

みをユッカ山地に埋めるのは「安全な方法」ではなかった。

オバマ大統領の選択は、米国内でも賛否が分かれている。「計画白紙はいただけない。核のごみをどこかに捨てなければいけないのは事実だからね」。スタンフォード大で再生可能エネルギーや公共政策について教える元民主党州議会議員のジョー・ネーションさんが指摘する。ドンデロさんのような不安の声も十分承知している。それでもなお、そう言わなければならない現実がある。

全米で廃炉になった原発のうち9基は、今も使用済み核燃料を敷地内から動かせないでいる。最終処分場ができなければ、本当の意味で廃炉は完了しない。「核のごみ」の行方は、国を問わず最大の課題だ。「原発は将来にわたって持続可能な選択肢ではないのよ」。20歳のドンデロさんの言葉が、重く響いた。

動き出す柏崎刈羽

――不安解消へ住民結束

2007年7月の新潟県中越沖地震で想定外の揺れに見舞われた東京電力柏崎刈羽原発（柏崎市、刈羽村）。停止していた7基のうち7号機1基が09年5月19日、地震後初めて発電を再開した。運転再開の是非をめぐる国と地元の議論は、1年10カ月にも及んでいた。

「技術的な安全の判断は国や専門家に委ねるしかない。住民にとってはいかに安心感が得られるかが大切だった」。7号機の送電が再開されたその日、会田洋柏崎市長（62＝当時）は市役所でこれまでの議論を振り返った。

中越沖地震を引き起こした活断層は最長36キロで、原発の直下まで広がっていることが地震の後になって分かった。東電と国は設計時、「活断層ではない」と主張し、長さも8キロ程度と説明していた。03年に「長さ20キロの活断層」として敷地への影響を見直したものの、現実はその想定をさらに上回っていた。

揺れ（最大加速度）は設計値の1・2倍から3・6倍に達した。変圧器の火災をはじめ3600件の損傷や不具合を招いた。特殊な地盤構造が、地震波を増幅させる特異な現象も起きていた。

「地震が過小評価されていたことは紛れもない事実」。当時、消防法の対象施設の停止命令を出して原発の運転再開を事実上封じた会田市長は、憤りを込めて注文した。「国策の安全性には、国が責任を持つべき。信頼関係が何より大事だ」

運転再開の判断には新潟県独自の諮問機関「原発の安全管理に関する技術委員会」が貢献した。委員は原子炉や地質を専門とする教授ら14人。国の審査結果をあらためて検討したり、論点や議論の結果を住民に分かりやすく説明したりする。

新潟県中越沖地震で想定外の揺れに見舞われ、火災を起こした東電柏崎刈羽原発3号機の所内変圧器＝2007年8月、新潟県柏崎市

東電が点検データを改ざんした炉心隔壁（シュラウド）のひび割れ隠しが、02年8月に発覚する。委員会はこの問題を受けて、03年2月に設置された。住民にとっても、国や東電とは一線を画した心強い存在だ。

03年5月には、地域住民自ら原発の監視、提言などを行う「柏崎刈羽原発の透明性を確保する地域の会」も発足した。委員は柏崎市と刈羽村の住民24人。原発の賛否を超えた住民の〝窓口〟として、国や東電に素朴な疑問をぶつける。

柏崎駅前で老舗の菓子屋を営む新野良子さん（58＝当時）は、会長になって6年目。原発という難しいテーマについて、「住民は何が分からなくて何を知りたがっているかを素直に国や事業者に伝える。それが地域の会の存在意義」と力を込めた。

想定外の被害に最初は驚いたが、7号機の運転再開には国や東電、技術委員会から納得できるだけの説明を受けた。「きちんとした説明があれば、『不満』が残っても『不安』は解消されるはず」。運転再開を待つ1―6号機についても、十分な説明を求めていくつもりだ。

「事業者も住民の声に応えてちゃんと努力してくれれば、結果的に『想定外』なんて言い訳は減っていくんじゃないかしら」。住民と原発の在り方が、また一つ大きく変わろうとしていた。

◇

新潟県中越沖地震での柏崎刈羽原発の被害や防火体制は、浜岡原発にも通じる多くの教訓を残した。M（マグニチュード）8級の東海地震はもとより、国内初となる計138万キロワット級の廃炉作業（1、2号機）やトラブルがちの改良型沸騰水型軽水炉（ABWR）の新設（6号機）を控える浜岡原発。「安心・安全」に向けたさまざまな課題を探った。

耐震性に疑念今も

――データ公表残る責務

「30年以上も前の話。設計者でさえも日本の地震の怖さを今ほど意識していなかった」。２００９年5月上旬、千葉県内のワンルームマンションで、元技術者の谷口雅春さん（67＝当時）が4年前の告発の真意を静かに語り始めた。原子炉メーカーの関連会社の技術者として中部電力浜岡原発2号機（御前崎市）の設計に携わった。05年4月、「2号機の耐震性に疑念がある」と静岡県庁で会見した。

2号機の設計は１９７2年ごろ。谷口さんは炉内構造物の設計を担当していた。当時の手本は米国の原発だった。「米国の図面通り造っておけば日本の地震でも大丈夫だろうという空気があった。図面も基本的には米国の流用で、設計と言っても、極端に例えれば英語の図面を日本語に訳したり、インチをセンチに直したりするくらいだった」。東海地震説が発表されたのは、それから約4年後のことだった。

中電が1、2号機の廃炉を決定したのは08年12月。「驚きはなかった。たとえ廃炉にしたとしても、1、2号機が本当に東海地震にもったのか、もたなかったのか―を明確にする説明責任は残る。このまま『ほおかむり』することは許されない」。谷口さんの疑念は、ますます強まった。

05年1月。「現状で耐震安全性はあるが、さらに耐震性に余裕を持たせる工事を行う」。中電は突然、5基すべてを対象に全国初の「耐震裕度向上工事」を自主的に行うことを発表した。

完了した5号機排気筒の耐震裕度向上工事。1、2号機の共用排気筒は運転終了まで手つかずのままだった＝2007年6月、御前崎市佐倉の中部電力浜岡原発

東海地震の2―3倍に相当する千ガルの揺れにも耐えられるように配管や排気筒などを補強する工事。中電は「東海地震の不安がある地域で原発を運転するにあたり、住民の安心感を一層高めてもらうため」と説明する。

1、2号機を千ガルの揺れに耐えられるようにするにはどうしたらいいか―。3―5号機とは対照的に、検討は難航した。

「08年7月ごろになって、建屋の免震化が必要だと分かってきた」。中電の担当者が明かした。免震化は、基礎と建屋の間にゴムや鋼板などでできた免震装置を設置して、地震の横揺れが建屋に直接伝わらないようにする工法。1、2号機の場合、既存の原子炉建屋と基礎の間に免震装置を取り付けなければならない大工事になる。国内に先例もなかった。

工事費は1500億円とはじき出された。研究期間も入れて10年以上の工期が必要だった。加えて、免震化でカバーできない縦揺れに対して余裕を持たせる補強工事などに1200億円、炉心隔壁（シュラウド）の交換に300億円—。1、2号機の運転再開には計3000億円もの巨費が必要とされた。こうして、「廃炉」が現実味を帯びていった。

「免震化まで検討していたなんて。東海地震に耐えられるという説明は本当だったのか」。地元住民のいぶかる声も聞かれる。1、2号機と同じように、30年以上前に設計された原発は国内に20基ほどある。住民への説明責任や知見の共有のためにも、中電には1、2号機の耐震データの公表が求められている。

東海地震迎え撃つ

――速報活用「安心」求め

石川嘉延知事は力のこもった口調で切り出した。「原発の運転制御に緊急地震速報を活用できるよう、強力な支援をお願いしたい」

２００８年7月18日、気象庁（東京・大手町）の応接室。視線の先に平木哲長官（当時）がいた。

中部電力がその１カ月半ほど前、県の強い求めに応えて緊急地震速報を活用した原子炉制御の研究に着手すると表明していた。計画を持ちかけた当事者としては、速報を所管する気象庁の力添えを取りつけたかった。「協力しましょう」。平木長官の返答で支援はあっさりと確約された。

緊急地震速報は大きな揺れが来る前に地震の初期波をとらえ、先取りの防災対応ができる可能性がある。地震発生時の原子炉停止も数秒から数十秒程度、前倒しできるかもしれない。

原発耐震性について折衝する県と中電。県民の安心獲得に向けた取り組みは今後も必要だ＝2009年3月末、県庁

「県民の原発に対する安心材料として絶対に必要」。緊急地震速報の活用を発案した小林佐登志県危機管理理監はそう信じている。中電は来月にも研究経過を県に報告し、導入の見通しを示す見込みだ。

07年7月の新潟県中越沖地震は人ごとではなかった。東京電力柏崎刈羽原発は激震に襲われ、微量の水漏れなど大小のトラブルが続出。静岡県民の間に〝原発不信〟が拡大していた。県も無視はできなかった。

中電は緊急地震速報の活用に向けた研究着手と同時に、県のもう一つの要求を受け入れた。「原子炉が停止する地震動の基準値を原子力安全・保安院が定めた150ガルから120ガルに引き下げる」

120ガルは国内の原発に設定された最小設定値。国の指針を超える厳しい基準を採用した。中電浜岡原発の水谷良亮総合事務所長は「地域住民の安心につながるという趣旨で決断した」と説明する。

【緊急地震速報】

地震の初期波を検知し、大きな揺れ（主要動、S波）が到達する数秒から数十秒前に、地震への警戒を促す。震源から近い場所ほど初期波と主要動の間隔が短く、速報が間に合わない場合もある。気象庁は電車やエレベーターの自動制御など事業分野向けに2006年8月から先行提供を開始した。07年10月から一般向け提供も始めた。

【ガル（gal）】

加速度の大きさの単位で、地震の揺れの強さを示す。震度との関係は地震の特性などで変わってくるが、目安として120ガル—150ガルは震度5弱程度に当たる。400ガルを超えると震度7が観測される可能性が出てくる。

京都大原子炉研究所の釜江克宏教授は、県と中電の連携を「住民に安心してもらうという原発事業の大前提をあらためて実行した」と評価する。「（緊急地震速報の活用などは）ハードルが高いだろうが、関係機関とともに努力する姿勢を見せることが住民の原発に対する理解につながる」

東海地震説の提唱から30年余り。東南海・南海地震との連動発生の可能性を指摘する声が年々高まってきている。連動発生すれば東海から近畿、四国までの広い範囲にかけて最大で震度7—6強の激震が襲うことが予想される。「他県からの支援は静岡に届かないのではないか」「自衛隊などの救援も分散されるのでは」。県民は新たな不安を抱き始めている。

「この状況下で持ち上がった6号機の新設計画にも、地域住民は漠然とした恐怖を覚えるかもしれない」。東京大の班目春樹教授（原子力専攻）はこう推察し、続けた。「だからこそ、絶えず安心を提供していく姿勢が欠かせない」

故障相次ぐ新鋭炉

——信頼回復へ試練の時

２００６年６月15日午前８時39分—。中部電力浜岡原発５号機の中央制御室が張り詰めた空気に包まれた。発電タービンの異常な振動。２０５本の制御棒が一斉に炉心に自動挿入された。原子炉を停止する緊急措置「スクラム」が働いた。

５号機は、新設計画が動き出した６号機にも採用される最新鋭機（改良型沸騰水型軽水炉「ＡＢＷＲ」）。営業運転開始から１年半がたち、06年４月に初めての定期検査を「無事」通過したばかりだった。最新鋭機の信頼は大きく崩れた。

原発反対派市民は敏感に反応した。「改良とは名ばかり。安全性よりコストを優先させた」（浜岡原発を考える会幹部）「原子炉の運転に致命的事故を起こした」（浜岡原発を考える静岡ネットワーク長野栄一代表）—。当時の酷評は今も続く。

５号機は現在、約半年間にわたって停止したまま。タービンを回した蒸気を処理する配管系で、水素濃度が上昇する異常が相次いだことが原因だ。

緊急停止から22日後、損傷したタービンの羽根が報道陣に公開された＝2006年7月7日、御前崎市佐倉の中電浜岡原発

地元や反対派市民の脳裏を、1号機で起きた配管破断事故（01年）の衝撃がよぎった。配管内にたまった高濃度の水素が爆発し、厚さ1・1センチの配管を突き破った。原子炉建屋内には放射能を含む蒸気が漏れた。中電は当時、「この配管内に水素がたまることは考えていなかった」と〝想定外〟を強調した。1号機は発電を再開することなく、廃炉に至った。

「結局、5号機も同じ問題を抱えている」（長野代表）。「水素」の不安は消えない。

相次ぐトラブルの影響で、5号機の通算設備利用率は6割台に低迷している。改良前の3、4号機よりも低い状態だ。

「（運転停止につながったトラブルは）いずれもタービン系設備。原子炉の安全・安定性に関するものではない」「安全性

【浜岡5号機のタービン損傷】

2006年6月15日、タービンが異常振動して、原子炉が自動停止した。タービンの羽根が脱落したり、ひび割れていた。製造元の日立製作所の設計に、蒸気の乱れなどの想定漏れがあったことが原因とされる。北陸電力志賀原発2号機でも同じ損傷が見つかった。浜岡5号機は次回定期検査（10年予定）で、再設計したタービンに取り換える予定。中電は運転停止中の逸失利益の賠償を求めて日立を提訴し、係争中。

に影響が及ぶようなコスト削減はしない」。5号機について中電はそう主張する。反対派の認識とは隔たりがある。

中電浜岡地域事務所の西田勘二専門部長は「動いていないという事実は申し訳なく思う」とした上で、「ＡＢＷＲはこれからを担う原子炉の一つの形。ある程度完成された優れたプラント」と理解を求める。

ＡＢＷＲは70年代中盤から、20年近くを費やして国、メーカー、電力会社が官民一体で開発した〝国策機〟。浜岡5号機のほか、東京電力柏崎刈羽6、7号機、北陸電力志賀2号機に採用された。中国電力島根原発3号機、電源開発大間原発（青森）でも建設が進んでいる。

中国電力が「先行機の事例を参考に最新、最善の設備にする」という島根3号機は、11年12月に稼働する。浜岡6号機は環境影響評価、地元の了承を経て15年の着工を予定している（※東日本大震災による福島第1原発事故を受け、中電は11年3月23日、6号機の着工を1年先送りすることを公表）。動き始めたばかりの島根の改良型。成果は、それまでに十分に評価されるだろうか―。最新鋭機は試練の時を迎えている。

柏崎火災ショック

――体制、意識を問い直す

変圧器から激しく黒煙が上がる東京電力柏崎刈羽原発―。目を疑うような光景が、テレビ画面に映し出された。新潟県中越沖地震が発生した2007年7月16日。強い揺れを感じた柏崎市消防本部予防課の萩野義一課長（58）＝当時、市消防署警防第2消防主幹＝は非番を切り上げて本部に急行し、庁舎3階の作戦室に駆け込んだ。

「映像から消火作業が進んでいないことは明らかだった。『大変だ』と瞬時に思った」。寸断された道路を何カ所も迂回《うかい》しながら現場に向かった。到着したのは地震発生から約2時間後。黒く焦げた変圧器、陥没した構内道路…。先発隊によって消火作業は峠を越えていたが、周囲は異様な雰囲気のままだった。「火は消えたが、原子炉は大丈夫か」。気になることはいくつもあった。

家屋の倒壊やけが人の発生で、柏崎市消防本部には市民からの通報が殺到した。電話回線がパンク状態になり、原発から消防への連絡は大幅に遅れた。消防隊の限られ

火災を想定した合同訓練に取り組む中電と消防の職員。日常的な両者の連携確認も、重要な防火対策の一つだ＝2008年11月11日、御前崎市の中電浜岡原発

た人員が他の被災対応に追われる中、初期消火を担うはずの自衛消防隊が機能しなかった。

「自衛消防隊は何をしているんだ」。同じころ、中部電力浜岡原発の地元・御前崎市では、牧之原市御前崎市消防本部警防課の増田修次課長（58＝当時）がテレビにくぎ付けになっていた。目の前で繰り返し流れる映像は人ごとではなかった。

他の電気事業者や原発立地の公設消防に衝撃を与えた柏崎刈羽原発の火災。萩野課長、増田課長は「原発の防火体制があらためて問われる契機になった」と口をそろえる。

浜岡原発でも過去に、2号機タービン建屋（04年）、廃棄物減容処理建屋（05年）などで火災が続き、「その都度、浮き彫りになった課題の改善に取り組んできた」（中電）。中越沖地震後は初動に当たる防災専任要員の配置、防火水槽などの増設、消防署との専用回線の設置―など、対策を加速させた。

中電は「消防署との合同訓練や柏崎の調査結果などを踏まえて、必要があればさらなる対応を図る」との考えを示す。

「体制整備だけに満足してはいけない」。別の公設消防関係者はそうくぎを刺す。原発火災の多くは定期検査や耐震工事など、作業中の人為的ミスで発生している。この実情を踏まえて、「日常から事業者が『絶対に火災を起こさない』という意識を全職員、作業員に徹底させることが最も重要」と力説する。

東海地震対策に加えて、1、2号機の廃炉という大事業を控える浜岡原発にとって、防火体制の整備は最重要課題の一つだ。

中越沖地震で、柏崎刈羽原発の原子炉機能は健全性を維持できた。それでも、「燃える変圧器」の映像は、その安心感を打ち消してしまうほど市民にとってショックだった。増田課長は「小さな火災でも、原発で発生する事実が市民に不安を与える」と指摘する。その言葉には、常に市民の目線を意識すべき―という事業者への注文が込められている。

廃炉作業　道は長く

――被ばく対策重い課題

「ようやくこの日が来たんですね」。中部電力が２００８年12月に発表した浜岡原発リプレース計画に、「１、２号機の廃炉」が盛り込まれていた。嶋橋美智子さん（72＝当時）＝神奈川県横須賀市＝にとって長年待ち続けた知らせだった。

嶋橋さんの長男で、浜岡原発の下請け作業員だった伸之さんは１９９１年、白血病のため29歳で他界した。３年後、磐田労働基準監督署は伸之さんの労災を認定した。伸之さんは約９年間、１、２号機の定期検査（定検）で、原子炉近くの中性子計測装置などの保守に当たった。受けた放射線量は各年とも法令限度を下回っていたが、労働基準監督署は被ばくを発症の要因とみなした。

認定から15年。嶋橋さんは「原発反対」の立場を通してきた。国や電力会社が胸を張る原発の「安心と安全」。それは「ノブ（伸之さん）のように、被ばくの危険性にさらされた多くの下請け作業員の犠牲の上に成り立っている」と思うからだ。

放射線管理区域で原発の安全を守る作業員。被ばく防止対策は廃炉工程でも大きな課題になる＝2009年1月13日、御前崎市佐倉の浜岡原発2号機

「被ばくに対する心配がないと言ったらうそになる」。浜岡をはじめ全国の原発を定検のたびに回り、配管補修などをこなしている御前崎市内の30代男性が打ち明ける。

原発関連業務に携わって約15年。「周りで同じように考えている下請け作業員は少なくない。それでも、みんな食べていくために働く」。そんな言葉の節々に、複雑な胸の内がのぞく。

原発作業員が受ける放射線量は法律で上限が決まっている。浜岡原発では定検などの前に放射線管理区域内の線量環境を勘案し、作業計画を策定する。線量計を所持しなければ管理区域へは入れない。作業員が受けた線量の評価結果は、定期的に本人に通知される。

中電の担当者は「あらかじめ防護教育も行い、作業員が受ける放射線量を可能な限り減らすように努めている」と強調する。伸之さんの労災認定に関しては

「直接的な因果関係が明らかでなくても、労働者救済の観点で認定されることがある」と受け止めている。今も「社としての安全管理には問題がなかった」との主張を変えていない。

中電は6月1日、1、2号機の廃止措置計画の認可を国に申請した。廃止措置は、長年の運転で放射能汚染された設備の解体・撤去を伴う。それだけに、作業員の被ばく防止対策は工程での重要課題に位置づけられる。

中電側は「放射線防護の基本に沿った工法や手順で作業を進めていく」と説明する。ただ、最初の6年間は各機器の放射能レベルの調査などが中心。最も被ばくへの細心の注意が必要な心臓部「原子炉領域」の解体は、放射性物質を自然減衰させた後。15年程度先になるとみられるその作業の具体像はまだ見えていない。

嶋橋さんは「二度とノブのような作業員を出さないで、静かに1、2号機の歴史を終わらせてほしい」と願う。「廃炉は初めてだけに、どう進むのか分からない部分もある」（下請け作業員）という不安の声もある。約30年続く廃炉完了までの道のり。現場の安全を守る取り組みの在り方が問われ続けることになる。

新エネ高まる意識

――〝地産地消〟挑む市民

「これでどのくらい発電できるんですか」。2009年5月中旬、静岡市駿河区谷田の県立大で熱心な質問が飛び交った。温室に取り付けた太陽光パネルを見学者が取り囲んでいた。日本茶の主力品種「やぶきた」のルーツの地として知られる有度山。その一角で4月から、太陽光発電でお茶を水耕栽培する取り組みが始まっていた。

「まだ実験段階ですが、晴れの日が多いのでよく発電してくれています」。同大環境科学研究所の斎藤貴江子助教が目を細めた。太陽光が生み出す電気で培養液を循環させるシステム。エネルギーをうまく「地産地消」できれば、水耕栽培の課題だった光熱費を減らせる可能性もある。

＊　＊

「水耕栽培が普及すれば、高齢の農家でも少しは楽になるし、新茶が一年中楽しめるようになる。将来は風力発電にも挑戦してみたい」。斎藤助教の説明に熱がこもった。
聴き入っていたのは、静岡市近隣の市民でつくる「グリーンエネルギーしずおか」のメンバー12人。自然エネルギーに関心を寄せる主婦や会社員、技術者ＯＢらが08年9月に設立した。6月にはＮＰＯ法人になった。

身を乗り出すように質問していたのは市内の太陽光発電システム販売会社に勤める上妻史宜さん（33＝当時）。大学で海洋環境を学ぶうちに、「環境保護と経済性を同時にかなえる理想的な方法」と、太陽光発電をとらえるようになった。

同社への設置依頼は月15～20件。「今年から国の補助制度が復活したので、問い合わせも急増しています」。うれしい悲鳴を上げながら、市民の関心の高まりを肌で感じている。「自分で使うエネルギーを自分でつくれたら、幸せですよね」

斎藤助教（右から2人目）からお茶の水耕栽培に使う太陽光発電システムの説明を受ける「グリーンエネルギーしずおか」のメンバー＝2009年5月、静岡市駿河区の県立大

同僚で静岡大の夜間主コースに通っていた宮沢圭輔さん（30＝当時）は、「環境政策を変えたい」と3月末に静岡市議会議員になった。サーフィンが好きで自然エネルギーに関心があった。「次代の子供たちに残す社会をつくるのは自分たち」。出馬を決心したのは、多くの人々との出会いを通してそう痛感したからだった。

【太陽光発電】

家庭用の出力は3〜4キロワットが平均。県内では約2万軒が設置している。普及率は2%強で、戸建て住宅の約42軒に1軒の割合。1994年に1キロワット当たり200万円だった設置費用は今、60〜70万円まで下がった。国は2010年1月29日まで1キロワット当たり7万円を補助している。さらに、県内には上限4万〜20万円の上乗せ補助をしている市町もある。政府は余剰電力を電力会社に売電する価格を2倍にして、普及を促す方針。

「行き場のない核のごみを出す原子力を後世に残していいのだろうか」―。有権者の思いに背中を押され、素朴な疑問はますます強まっている。

宮沢さんは言う。「今のエネルギー行政には、本当に原子力が必要か否かなどをみんなで考える『住民自治』がない。原子力を含めて何が必要なのかを、みんなに問い掛けることから始めたい」

「グリーンエネルギーしずおか」の理事長に就いた庭園管理士の青木茂さん（66＝当時）も、「市民の、市民による、市民のための発電所」の実現を願う一人。活動への思いを口にした。

「市民の力と思い切った政策、裏打ちとしての技術開発。この三つが一体になれば、将来必ず新エネルギーの産業革命が起きる。今は頼らざるを得ない原発も、その時が来たら少しずつ減らしていけるかもしれない」

市民それぞれの思いが大きく動き始めていた。

◇

エネルギー問題に対する市民の関心が高まる一方、技術開発が進み、さまざまな新エネルギー技術に普及の兆しが見え始めている。新エネや省エネ社会を目指す住民たちの取り組みや電力自由化の現状、原子力の代替エネルギーなどを探った。

純国産地熱を活用

――温泉発電、高い潜在力

大分県中部の九重町《ここのえ》は、九州の屋根とも称される九重《くじゅう》連山の懐に広がる。林間に温泉郷が点在し、「高原と温泉」を売りにする静かな里。国内最大の地熱発電拠点であることを、みじんも感じさせない。

九重町には商用の地熱発電所が3カ所ある。合計出力は約15万キロワット。国内の地熱発電の約3割を占めている。日本地熱学会長の江原幸雄・九州大教授（61＝当時）は「15万年続く火山地域で、地下の熱水資源に恵まれた優れた立地」と説明する。

町最大の温泉場・筋湯から、林間を歩いて登ること20分。九州電力八丁原《はっちょうばる》発電所があった。1977年に1号機、90年に2号機が営業運転を開始した（ともに出力5万5千キロワット）。2006年に「バイナリー型」と呼ばれる新方式の小規模機（2千キロワット）も本稼働した。

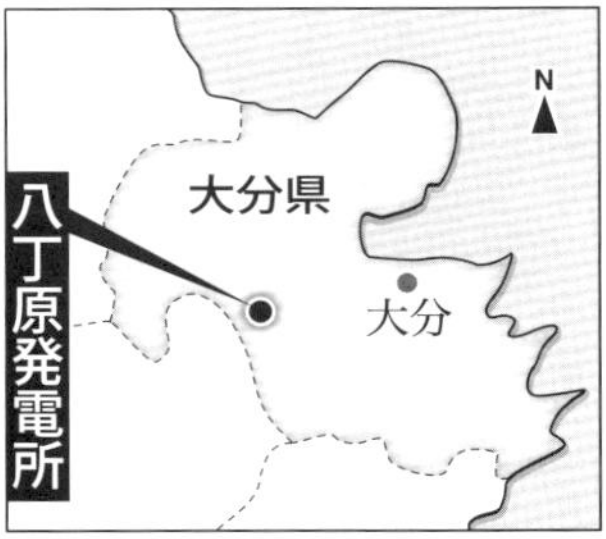

九重連山の懐、国内最大の八丁原発電所から蒸気が立ち上る＝2009年6月10日、大分県九重町

タービンの回転で発電する仕組みは原子力・火力と同じ。ここでは井戸を上がってくる熱水の蒸気を駆動源にする。八丁原発電所展示館の柏木輝秀さん（62＝当時）は「ボイラーや原子炉の役割を、地球が果たしてくれているんです」と説明する。

バイナリー型は井戸からの蒸気を直接、発電には使わず、熱交換で低沸点の有機溶媒などを沸かすために用いる。「従来方式に適さなかった比較的低温の熱源でも発電できる」（柏木さん）のが特徴。行政や電力関係者の注目を集めている。

経済産業省の有識者研究会は09年5月、地熱利用促進の鍵の一つに、バイナリー型の「温泉発電」を掲げた。入浴には温度が高すぎる湯、未利用のまま捨てていた湯を熱源に使える。出力50キロワットの実用機が10年度にも発表される予定という。

研究を進める地熱技術開発（東京）の営業・事業開発部長、大里和己さん（51＝当時）は「浴用に適した温度に冷ます過程で発電ができる」と利点を解説し、指摘する。「伊豆半島でも活用できる可能性は十分にある」

【地熱発電】

化石燃料を使わず、地下から取り出した蒸気でタービンを回す。発電時に二酸化炭素を排出しない。天候に左右されず、設備利用率は70%。同じ自然エネルギーの風力（20%）、太陽光（12%）を上回る。岩手・松川地熱（1966年）が国内初の発電所。現在は全国18カ所、合計出力は53万キロワット。150度以上の地熱資源の量は国内合わせて約2300万キロワット（産総研試算）。資源の多くが国立公園などに位置することによる開発規制などで伸び悩む。

産業技術総合研究所の地熱資源量評価に基づく試算では、国内の温泉発電の潜在的な発電量は833万キロワットに上るとみられている。大里さんは「既存の温泉の活用だけでも72万キロワット規模になるとの試算もある」という。

経産省資源エネルギー庁の担当者は「（温泉の湯量、湯温低下を）不安視する声もある地熱利用と、温泉が共生できることを、理解してもらえるきっかけにもなる」と期待を込める。

潜在的な資源量がインドネシア、米国に次いで世界3位と推定される地熱は、日本にとって貴重な純国産資源。ただ、現状では、国内総発電量の0・3%に過ぎない。発電所の新設も99年を最後に途絶えている。

「日本は明確な目標を掲げて地熱を生かしてこなかった」。江原教授の指摘は手厳しい。「目先のコストだけにとらわれず、他国のように、長い目で見た政策的支援が必要。日本の地熱には大きく伸びる余地がある」

市民主役の発電所

——思いを込める出資者

直径6メートルのかわいらしい水車が軽快なリズムを刻みながら回り続けていた。山梨県都留市役所の庁舎脇にある家中川《かちゅうがわ》小水力市民発電所「元気くん1号」。運転開始から約3年2カ月になる。役所の敷地内を勢いよく流れる水を利用したこの発電所の出力は最大20キロワット。新エネルギーの利用促進に取り組む市のシンボルとして親しまれている。

元気くん1号の建設費は約4300万円。このうち1700万円を地域住民の投資で賄った。「つるのおんがえし債」と名付けた市民参加型ミニ公募債には、募集枠の4倍に当たる6800万円の応募があった。「予想以上の反応に驚いた」。市政策形成課の中野一成さん（37＝当時）は振り返る。

建設のきっかけは2001年に発足した「都留水エネルギー研究会」からのアイデア。当時、生活用水の家中川には大量の「ごみ」が流れ込んでいた。この川の環境改

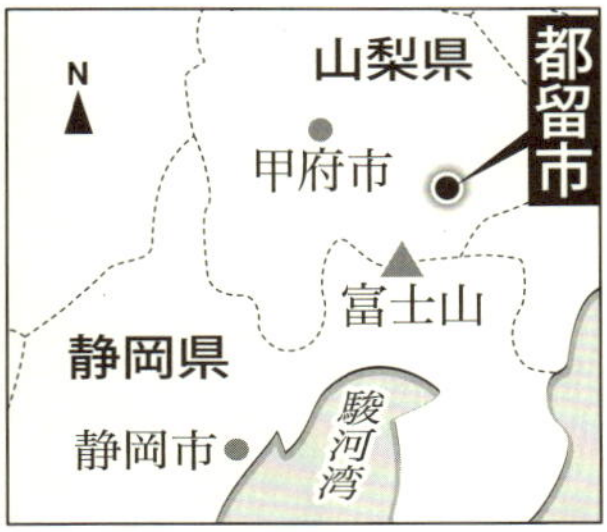

地域住民からの投資などで建設された家中川小水力市民発電所「元気くん1号」＝2009年6月3日、山梨県都留市

善の必要性を感じていた住民有志が研究会を結成した。メンバーの一人、同市四日市場の安富一夫さん（82＝当時）は「水車を作って川からクリーンエネルギーを生めると知ってもらえば、結果的にごみもなくなるんじゃないかというのが最初の発想だった」と明かす。

安富さんは東京電力ＯＢ。１９６０年代後半から、社は原子力など効率のいい大規模発電所の建設を進め、非効率な小規模発電所を次々に廃止した。「大規模発電所は用地の確保も含めて難しい時代。これからは再び、小さな発電所が分散し、『電気は自分たちで賄う形』がいいのかもしれない」。今はそう思う。

元気くん1号が生む電気は市役所の年間電力使用量の約15％をカバーする。10月の2号機建設着手に向けて、市は再び公募債発行を計画している。募集枠達成は増設を認める民意とも言える。中野さんは「今度も前回並みの住民の気持ちがもらえれば」と期待する。

ＮＰＯ気候ネットワーク（京都府）によると、都留市のように一般からの投資を活用して建設された発電所は全国に２００カ所以上あるという。担当者は「光や水、風などその土地の資源を生かすことに意義がある」と強調する。

48億円の事業費のうち30億円分の出資を市民に募り、民間主体で出力2000キロワットの風力発電を10基並べる石川県輪島市の「輪島門前コミュニティウインドファーム」（建設中）の計画など、大規模な施設を目指す動きもある。輪島の事業関係者は「投資には、『エネルギーや環境問題のために自分も何かしたい』という思いが込められている」と話す。

「浜松の日射量は全国3位との調査もある」。09年6月9日の市議会で小中学校など21カ所に太陽光パネルを設置する方針を示した浜松市。市環境企画課の飯尾武俊さん（37＝当時）は「地域の恵みを受けた試み」と説明する。

パネルの設置は、出力720キロワットの発電所を市が所有することと同じ意味がある。設置費は国の補助が中心で、直接的な住民投資の予定はない。ただ、市議会の予算審議などを通じて民意を問うことになる。

「子供を含め、今後の環境問題をリードする住民が出てくる契機になれば」。飯尾さんが事業に託す夢を語った。

省エネ草の根から

――家庭の努力積み重ね

大井川上流部に位置する大井川鉄道千頭駅（川根本町）の駅前広場。環境活動に取り組む地元有志が２００９年６月11日、長さ10メートル、幅２メートルの大きな竹製アーチを組み立てた。アーチに沿ってアサガオ、ゴーヤー、ヘチマの苗を植えたプランターが並んでいる。

「これでひと月もすれば葉っぱが全体を覆ってね。『緑のトンネル』ができるってわけ。中を通ると涼しいんだ」

リーダーの神田優一さん（59＝当時）はそう言って汗をぬぐった。緑のトンネルは環境に対するメンバーの姿勢と心意気を表すシンボル。夏、この地を訪れる大勢の観光客を出迎える。

神田さんたちは「緑のカーテン」の一般家庭への普及も進めている。住宅の窓辺につる性植物を育てる緑のカーテンは、葉が持つ水分蒸散の特性もあって室内温度を３

作業を進める地元有志。夏には省エネ活動の象徴が出来上がる＝川根本町

度程度引き下げる省エネ効果がある。

活動は今年で4年目。今や町の5分の1に当たる約600世帯が緑のカーテンを設置しているという。「昨年はエアコンを一切使わず、扇風機だけで夏を過ごした家庭もあった」（同町環境室）。谷あいに位置する川根本町は暖かい空気が滞留する地形の影響で、最高気温35度以上を記録することも珍しくない〝猛暑の町〟。「抜群の威力でしょう」と神田さんは胸を張る。

山形県庄内町と山口県周南市では、行政が節電に取り組む家庭を「節電所」と位置付け、優秀な世帯に景品を贈る制度を導入している。草の根の省エネルギー活動を掘り起こす試み。節電所は、各所の節電量の積み重ねが1つの発電所並みに達すれば、新たに発電所を造る必要はない—と考える新しい概念だ。

庄内町環境課の担当者は「単に町が『エコしましょ

う』と言っても誰も付いてきませんから」と制度の趣旨を説明する。「（電力料金の）明細書を見て、成果を実感しなければ行動につながらない」とも思う。

沼津市獅子浜の無職植松俊一さん（64＝当時）も「社会の省エネに対する意識の高まりにはまず行政や環境グループの積極的な旗振りが必要」と考える。自身の節電生活でその思いを強くした。

一家は7人暮らし。環境問題に関心のある次女昌子さん（35＝当時）の提案で3年前から節電生活を始めた。電化製品のコンセントをこまめに抜く。部屋を出るときは電気を消す。

最大で939キロワット時（06年1月）あった電気使用量は、この「何でもない行動の積み重ね」（俊一さん）で今年1月には407キロワット時にまで減った。

この月の電気料金は半分の1万700円になった。俊一さんは「環境にも、家計にもいいことばかり。みんな分かっていることなんだろうけどね。あとはどうきっかけをつかむかだと思う」という。

俊一さんは願う。「社会の末端の生活者レベルまでが省エネにどう向き合おうとするか。地球温暖化が進む今、環境はまさに岐路に立たされている。一人でも多くの人に〝気づき〟が生まれれば」

身近になる新技術

――意識変化が普及の鍵

静岡市中心部にほど近い駿河区八幡の静岡ガスショールーム。2009年7月から販売が始まる家庭用燃料電池「エネファーム」が、来場者の注目を集めていた。真っ先に目に入る店内の中央への展示が、静岡ガスの意気込みを示している。「販売前ですが、いい反応が寄せられています」。営業統括部低炭素システム担当マネジャーの中井俊裕さん（47＝当時）は「予想以上の手応え」を感じ取る。

家庭用燃料電池は天然ガスなどから取り出した水素と空気中の酸素を化学反応させて、一般家庭で発電するシステム。原発や火力などの「大規模集中電源」と対極にある「分散型電源」で、CO_2（二酸化炭素）削減やエネルギー効率の良さなどがメリットとされる。

民生用は1990年代からの本格的な開発で、耐久性や信頼性が向上した。家電メーカーやガス会社が相次いで販売を始めた今年は、「家庭用燃料電池元年」といわれる。「これまで電力会社任せだったCO_2削減の行動を、自分の庭先で起こせるようになる」。中井さんの言葉にも力がこもる。

太陽光パネルなど、既に実用化が進んでいる分野に加え、燃料電池に代表される「次世代設備」。環境問題を背景に、エネルギー創出や消費抑制を可能にする技術が、一般家庭に広がり始めている。

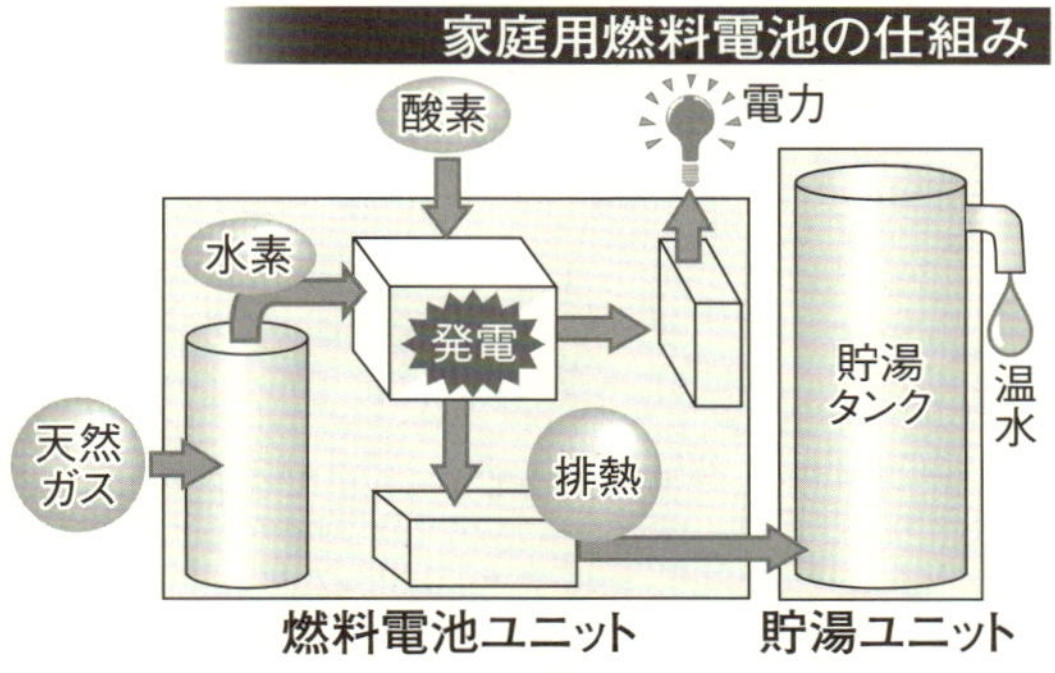

7月からの家庭用燃料電池の販売に期待を掛ける静岡ガスの社員＝2009年6月18日、静岡市駿河区八幡

「さまざまな設備や技術を組み合わせて、消費者に提案していく動きも進んでいくはずです」。太陽熱を暖房や給湯に回す独自のシステム技術を持つOMソーラー（浜松市西区村櫛町）取締役の村田昌樹さん（45＝当時）は今後の動向をそう見通す。

OMソーラーは09年2月、大

【家庭用燃料電池】

「エネファーム」は統一のシステム名称。電力業界のオール電化に対抗するため、ガス業界が特に販売を強化している。一般家庭の1日当たりの使用電力の6割程度がまかなえる。普及への課題は価格。静岡ガスの製品（出力300ワット—1キロワット）は本体が約345万円。国から最大140万円の補助が受けられる。同社は「5年後には本体価格を70万円以下にするのが業界の目標」としている。

手住宅設備メーカーなどと共同で横浜市内に実験用住宅を建設した。自然エネルギーを活用するさまざまな新技術を集め、省エネ効果を検証する10年3月までのプロジェクト。目標に掲げる「住宅消費エネルギーの約97％以上の削減」は、「エネルギーの自立」を意味する。村田さんは「実現する技術自体はほぼ確立されているんです」と強調する。

多くの設備や技術に共通する課題はコスト。高額な初期投資を消費者に求めることになる。太陽光パネルや燃料電池は国などからの補助もある。それでも、「元を取るのは大変」などとして、導入に二の足を踏む消費者が多い。

村田さんは「単なるコストの比較ではなく、ライフスタイルに合わせて最適なエネルギーを入手するという発想を持ってもらいたい」と訴える。機運の高まりが普及速度を速め、「結果的に価格低下につながる」と考えている。

地球温暖化防止に向けて、一般家庭にも求められる待ったなしの対策。その一つに「大規模電源と分散電源の調和」を挙げる中井さんは、「消費者自身が使いやすいエネルギーを選べるようになってきていることに、気付いてもらいたい」と話す。言葉には村田さんと同じように、消費者の意識が変化していくことへの期待感がにじんだ。

電気小売り自由化

――より安く、変わる常識

煌々《こうこう》とたかれた照明で、県庁舎が薄暮に浮かび上がる。電気使用量は一般家庭3500軒分、電気代は年間2億円を超す。この電気を供給しているのは中部電力ではなく、新興の電気事業者。2000年から段階的に行われた電力の小売り自由化。家庭を含む「全面自由化」はまだ実現していないが、「電気は大手電力会社から買うもの」という常識は確実に変わっている。

「1円でも安い電気を買うことが使命だった」。00年7月。県は庁舎などで使う電気の調達について、全国初の一般競争入札に踏み切った。当時を知る元県職員が述懐する。「行財政改革のさなか。電気代もすぐに経費節減の対象になった」

全国初の電力入札に参加したのは、結局、中電1社。それでも中電は県庁舎の電気代を8・7％下げ、新規事業者を〝けん制〟した。高止まりしていた電気料金に競争原理が持ち込まれた。

2009年度に新規事業者から電力供給を受ける県関係施設

県施設など	事業者
県庁舎（本館、東館、別館）	丸紅
総合病院 こども病院 こころの医療センター	丸紅
総合教育センターあすなろ	丸紅
グランシップ	丸紅
県庁舎（西館）	ダイヤモンドパワー
静岡総合庁舎	ダイヤモンドパワー
下田総合庁舎	新日本石油
熱海総合庁舎	新日本石油
東部総合庁舎	新日本石油
富士総合庁舎	新日本石油
厚原浄水場	サミットエナジー

県庁舎（本館、東館、別館）の電力入札で新規事業者が初めて落札したのは03年。以来7年、新規事業者の落札が続く。自由化前に1キロワット時当たり約20円だった単価は、13～15円台になった。年間の電気代も8500万～6000万円安くなった。県管財室は「電気の質は全く変わらない。より安い業者との契約は当然」とする。

本年度、県庁舎や集客・文化施設「グランシップ」などに電気を供給しているのは大手商社の丸紅。「電気料金はもはや公共料金ではない。自由化で最も恩恵を受けるのはお客さんでしょう」。東京都千代田区の本社で、担当者が「自由化の意義」を解説した。

同社は自前の水力発電（出力3万キロワット）で発電したり、清掃工場や民間企業が発電した電気を安く仕入れたりして、既存の送電網に電気を送り込んでいる。顧客は官公庁や大手スーパーなど多岐にわたる。「安い電気を選んでもらえれば、自治体は税金を有効に使えるし、スーパーなら値下げの原資ができますよね」。担当者が利点を強調した。

煌々と照明がたかれた県庁舎。この電気は中部電力ではなく新規事業者から購入している＝県庁

【電力の小売り自由化】

中部電力などの「一般電気事業者」が独占していた電気の小売りを新規参入の「特定規模電気事業者（PPS）」でもできるようになった。現在、契約電力50キロワット以上（官公庁や工場、デパートなど）まで認められ、全国で30社ほどが参入している。ただ、新規事業者は安い石炭火力に頼りがちで、厳しくなるCO_2の排出量規制などが逆風になっている。一部では撤退の動きも出ている。

自治体が電力事業に乗り出す動きもある。東京23区でつくる清掃一部事務組合は06年、東京ガスとの合弁会社を設立した。23区内の1区長が社長に就き、今はごみ処理事業の効率化や余った電気の卸売りを手掛ける。10年度からは電気の小売りに参入する予定だ。

清掃工場はごみを燃やす時に出る熱で発電できる。23区内にある21工場の総出力は約27万キロワット。工場の電気を自給しても、4割弱の電気が余る。現在はそれを電力会社に卸売りして、年間30億～40億円の収入を上げている。

23区は自ら電力会社を運営して、区内の小中学校などにより安い電気を直接供給したい考え。一部事務組合の担当者が声を弾ませた。「夢はごみでつくった電気を安く区民に還元する循環型社会の実現です」

清掃工場としては県内最大の発電機（出力1万4千キロワット）を備えた新清掃工場が10年度にも稼働する静岡市。既存の8千キロワットの清掃工場はすでに年間1億8000万円分の電気を卸売りしている。新工場が稼働すれば発電能力はさらに向上する。

「東京23区の取り組みは大切なこと。安定供給できるかという問題もあるが、今後の動きを関心を持って注視していきたい」。市の担当者が、未来を見据えて言った。

低炭素で世界先導

――原子力推進の思惑も

２０２０年までに05年比15％減（１９９０年比８％減）―。麻生太郎首相は６月10日、日本の温室効果ガス排出削減の中期目標を示した。自然エネルギーの導入、省エネの推進を強調する一方で、発電時にCO_2を排出しない原子力発電に従来以上の期待感をにじませた。首相自ら「極めて野心的」と表現したものの、国内外の評価は割れる。「実現性に乏しい」「数字合わせだ」―という酷評もある。

「低炭素革命で世界をリードする。そのためには一歩前に出て倍の努力を払う覚悟を持つべきではないか」。麻生首相は発表会見で言葉に力を込めた。「水力発電など再生可能エネルギー（自然エネルギー）の比率を世界最高水準の20％に拡大する」「太陽光発電を現在の20倍に」。電源構成の再構築にもつながる決意を国内外に示した。

原発については、CO_2排出量が多い火力発電を抑制するため、20年までに９基を

エネルギー革新技術計画 重点技術「21」

分野	重点技術	
発電・送電	①高効率天然ガス火力発電	②高効率石炭火力発電
	③二酸化炭素回収貯留(CCS)　火力発電などの排ガスから二酸化炭素を分離、地中や海洋に貯留。大気中への放出を抑える。	
	④革新的太陽光発電	
	⑤先進的原子力発電	⑥超電導高効率送電
運輸	⑦高度道路交通システム　自動運転制御による交通円滑化など	
	⑧燃料電池自動車	
	⑨プラグインハイブリッド自動車・電気自動車	
	⑩バイオマスからの輸送用代替燃料製造	
産業	⑪革新的材料・製造・加工技術	
	⑫革新的製鉄プロセス　製鉄プロセスでの二酸化炭素30%カット	
民生	⑬省エネ住宅・ビル	⑭次世代高効率照明
	⑮定置用燃料電池	⑯超高効率ヒートポンプ
	⑰省エネ型情報機器など	⑱HEMSなど(機器の省エネ運転管理)
部門横断	⑲高性能電力貯蔵	⑳パワーエレクトロニクス(次世代省エネ技術)
	㉑水素製造・輸送・貯蔵	

新設。総発電量の45%近くを賄う絵を描く。現状60%程度にとどまる稼働率は「80%にまで上げる」(内閣府)という前提だ。

原発建設は現在、北海道電力泊3号機と中国電力島根3号機、電源開発の大間(青森県)の3基で進められ、それぞれ09年12月、11年12月、14年11月に運転開始を予定している。ほかに12基(浜岡6号機も含む)の計画があるが、いずれも着工前。20年までの9基稼働は不透明だ。

自然エネルギーの活用などによる持続可能な社会づくりを研究、提言している環境エネルギー政策研究所(東京)の飯田哲也所長は「うそで塗り固めた不作為だ」と切り捨てる。「単なる数字遊びに過ぎない。これでは結局、エネルギー源の転換も進まない」

麻生首相が言う「低炭素革命」の底流には07年5月、当時の安倍晋三首相が提案した「美しい星50

（クールアース50構想）」がある。「世界の温室効果ガス排出量を50年までに半減」という長期目標を提示した。

「現在の技術の延長線上では達成困難」（安倍氏）として国は、革新的技術開発を進める姿勢を鮮明にした。08年、経済産業省は「エネルギー革新技術計画」を策定。発電、運輸など5分野で21の技術開発を重点課題に掲げて始動している。

21件には原発の次世代型軽水炉や高速増殖炉の開発も含まれている。「わが国唯一のクリーンな（発電時にCO_2を排出しない）基幹電源」と明記し、原発を低炭素社会づくりの要に据える。

政府の「原子力政策大綱」（05年）も、全国の原発で高経年化によるリプレース（置き換え、廃炉・新設）が本格化する30年以降、国内総発電量の30〜40％以上を賄う方針を掲げている。

「太陽光、風力など小規模な再生可能エネルギーが原子力に代わることはあり得ない。現段階でほかに選択の余地はないだろう」。東京工大原子炉工学研究所の二ノ方寿教授（62＝当時）＝原子炉工学＝はそう強調し、政府の姿勢に理解を示す。

一方で飯田所長は「リプレースはエネルギー転換のチャンス」と指摘する。「（行き場のない高レベル）放射性廃棄物の問題が解決しない限り、原発を新増設すべきではない。ドイツ型の段階的廃止、自然エネルギーへの転換が望ましい」

麻生首相は中期目標を発表した10日、国民にこう呼び掛けた。「未来を救った世代になろうではありませんか」――。力強い言葉とは裏腹に、「低炭素革命」は基幹電力に不安を抱えたまま動き出そうとしている。エネルギーの未来像は見えてこない。

廃炉・新設・貯蔵

――切り離し議論尽くせ

中部電力浜岡原発で2008年暮れから動き出した「リプレース計画」は、「1、2号機の廃炉」「6号機新設」「使用済み燃料乾式貯蔵施設の建設」―を同時に進める一大事業。ソフトな総称にくるまれているが、いずれの事業も難しい課題を抱えている。3事業を切り離して、一つ一つ徹底的に議論する必要がある。

▼廃棄物処分道筋を

浜岡1、2号機の廃炉工程では作業終了予定の36年度までに、約1万6600トンの低レベル放射性廃棄物が排出されると見込まれている。現段階でその処分先は「未定」（中電）だ。

低レベル廃棄物の一部は92年から青森県六ケ所村の施設で埋設処分されているが、対象となるのは運転中の原発だけ。廃炉に伴う廃棄物の処理は想定していない。

地下50～100メートルに埋設する「放射能レベルの比較的高い廃棄物」（浜岡

1、2号機は200トン排出見込み）の処分、管理方法は、いまだ研究の途上にある。

茨城県東海村の「JPDR（動力試験炉）」では、解体で生じた3700トンの廃棄物のほとんどが、解体後13年が過ぎた今も、敷地内に保管されている。国は05年、放射能汚染度が規定より低い放射性廃棄物を一般ごみとして処分できる「クリアランス（すそ切り）制度」を設けた。今後の廃炉ラッシュの到来を想定した、便宜的な対応でしかない。

原子力を今後も活用し続けるなら、国が先頭に立ち、早期に最終処分の道筋をつけるべきだ。

▼「中間」に違和感も

使用済み燃料の乾式貯蔵施設の建設は、「廃炉」「新設」が主役の計画に、抱き合わせで唐突に示された形。地元説明会の場などから、住民の戸惑いが伝わってくる。

位置付けは、使用済み燃料を青森県六ケ所村の日本原燃六ケ所再処理工場に送るまでの間、貯蔵しておくための「中間」施設。ただ、六ケ所再処理工場はトラブル続きで、今のところ操業のめどが立たない。出口が不透明な状態で「中間」と表現する中電や国の姿勢に違和感を覚える住民もいる。

青森県むつ市に建設中の東京電力系の中間貯蔵施設は、使用期間を50年と明示して、地元の了解を得た。国の指針は使用期間を40～60年と示している。

中電はまず、明確に使用期限を示し、将来的な使用済み燃料の搬出・利用計画を住民に説明する必要がある。「なし崩し的に貯蔵され続けるのでは」という住民の不安に応えてほしい。

▼見切り発車許すな

浜岡5号機は08年11月初旬から約8カ月間、4号機は5月初旬から約2カ月間、トラブルで営業運転を停止している。いずれも配管内の水素濃度が異常を示したためだ。5号機は6月25日にも、再開に向けた調整運転に入る。

01年に発生した1号機の配管破断事故も原因は水素濃度の異常上昇。この時は高濃度の水素が爆発した。その後、改良が進められてきたが、「水素」の不安を払拭《ふっしょく》するには至っていない。

15年の着工を目指す6号機について中電は、5号機をベースにした原子炉（改良型沸騰水型軽水炉・ＡＢＷＲ）を採用する意向を示している。

地元市は6号機の着工前に特に水素対策に万全を期すよう厳しく中電に求めるべきだ。「地元の意向を尊重する」という姿勢に終始してきた県も新知事のもと、関与を強めるよう求めたい。

国、電力会社、メーカーの三者は30年代以降の国内の廃炉ラッシュを想定し、次世代軽水炉の開発に着手している。進ちょく状況を見守ることも選択肢の一つだろう。

廃炉と並行して、代替炉を新設するリプレースは次世代に原発を伝える意思表示でもある。住民にも、行政にも、中電にも、十分な議論に裏打ちされた慎重な「選択」が求められている。

◇

連載企画「浜岡原発の選択」は08年12月にスタートした。廃炉、新設をめぐる課題、地元住民の思いをたどるとともに、近年の原発を取り巻く環境に目を向けてきた。日本国民が初めて直面している原発のリプレース。1～5号機建設時とは明らかに異なる局面を迎えている。「なし崩し」では済まない。立ち止まって原発と向かい合う、冷静な議論が不可欠だ。3回にわたって提言する。

意見集約・監視機能

——早急に体制の整備を

中部電力浜岡原発のリプレース計画は、御前崎市など立地地域に大きな衝撃を与えた。経済性を理由に突如、計画を提示した中電と国策として後押しする国の姿勢に対して、地元には「一方的」との反発もある。これまで受け入れの旗印に掲げてきた原発との「共生」は成り立っているのか。6号機新設などをめぐる長い議論を前に、その意味を問い直す時期を迎えている。客観的な意見を集約する機関の設置や監視機能強化など、体制の整備が急務だ。

■功罪の評価不可欠

1号機の建設計画が浮上した旧浜岡町時代の1967年以来、地元が5基の原発建設に同意してきた背景には地域発展への思いがあった。約40年が経過し、原発関連税収や電源三法交付金を支えにして、都市基盤は確かに充実した。貧しかった農村が大きく姿を変えた要因の一つに、原発の存在があったことは間違いない。

一方で、交付金などで建てられた施設の維持・管理の負担という課題も顕在化してきた。廃炉に伴って国がカットを示した1、2号機関連の交付金の継続を市などが求めた問題は、原発依存の〝体質〟を浮き彫りにした。

行政だけでない。「住民も原発マネーに頼るようになってしまったのは誤算だった」（元町関係者）という声も聞いた。中電からの協力金を元手にした巨額の分配金が、コミュニティーを二分したこともあった。

豊かさを手に入れる一方で、地域が失ったものはなかったか。原発の功罪を客観的に評価することは、次代に向けた議論の出発点になる。

■金で理解得られず

電源三法交付金は原発立地に手厚く交付される。国の原子力政策を支えてきたが、「金で同意を取りつける」ともとれる手法には、厳しい目が向けられている。制度自体のあいまいさも目立つ。

国は1、2号機関連の交付金の代替として、総額約51億円の「初期対策交付金」の交付を決めた。この交付金は新・増設の際に一度だけ認められる。5号機増設時に交付を受けた浜岡は本来、対象外だが、国は6号機への理解促進を目的にルールを崩した。

交付金の原資は消費者が支払っている電気料金の一部だ。その巨額の使途が検討過程も公にされないまま、国の裁量であっさり決まることには疑問を感じる。

住民に原発を地域振興に結び付ける思いがなくなったわけではない。ただ、最大の関心事は今、安全性の確保にほかならない。最終的に廃炉や新設を認可するかどうか決めるのは国。どこまで住民が納得する説明をできるか。事業者とともに、その取り組み姿勢が問われる。「ばらまき」だけでは、もう理解を得られない。

■真の共生に向けて

地元にとって難解な原発問題の判断を国や事業者の説明に頼るしかない現状は立地地域共通の課題。その中で新潟県は、独自の諮問機関として「原発の安全管理に関する技術委員会」を設置している。同県柏崎市、刈羽村の「柏崎刈羽原発の透明性を確保する地域の会」は、原発の賛否を超えた住民の窓口としての役割を担う。

浜岡原発についても、県や地元自治体が自発的に疑問の解決を目指す体制を構築できないだろうか。地元4市と中電が結ぶ安全協定の中に、施設変更などを対象にした「事前了解条項」を盛り込むことも求めたい。現状では、1、2号機廃炉の工程で排出される低レベル放射性廃棄物の処分方法などを、事業者が地元の同意なしに決めることもできてしまう。事前了解を明文化することは、目に見える〝約束〟を築くことにもなる。

国と事業者、地元の三者が対等であることは、共生の大前提。国や中電の徹底した情報公開の上に、行政や議会だけでなくすべての住民が議論に参加できる浜岡独自の意見集約の在り方を考えたい。

岐路に立つ原子力

――次代見据え政策示せ

国のエネルギー行政には、市民の思いが十分に反映されていると言えるだろうか。国が「国策」を示し、地域を独占する大手電力会社が強力に推し進めるという構図が半世紀余り続いてきた。その体質が変わらなければ、今後のエネルギー行政は立ち行かなくなる恐れがある。浜岡原発の「リプレース計画」を、その体質を見直す好機にしたい。近未来のエネルギー政策の転換も視野に入れて。

■新エネ普及に力を

地熱や太陽光、燃料電池など新エネルギーの技術開発は目覚ましい。ただ、普及してコストが下がるまでは初期投資の大きさが壁になる。国は原発の増設だけに固執しないで、新エネ技術の普及につながる思い切った政策も打ち出すべきだ。

基幹電源として急速に見直されているのが地熱発電。特に温泉の熱を利用する「温泉発電」は、国内の潜在発電量が原発8基分という試算もある。燃料を買う必要がなく、CO_2も出さない地熱発電は、火山国の日本でもっと研究されていい。

天然ガスで電気と熱をつくる「家庭用燃料電池」は家庭で発電できる分散型電源として期待が大きい。消費地から離れた地域に立地する原発とは対照的に、送電ロスがほとんどない。排熱も生活に再利用できる。

「安全で小さな発電所を街中にたくさん増やすことこそが、正しい選択」。日本と似た地震国の米国カリフォルニア州。活断層の真上にあった原発を廃炉に追い込んだ市民の一人も、そう話していた。原発の耐震安全性への不安が容易にぬぐい去れない日本では、分散型電源社会の実現こそ理想だろう。

■市民の思いくんで

故障や事故、データの改ざん――。「原子力立国」を目指す日本で、原発への不信は増幅している。新規立地もほぼ絶望的だ。こんな状況で「原子力発電の活用なくしては、エネルギー安定供給はもちろん、地球温暖化問題への対応はおよそ不可能」（経済産業省の原子力発電推進強化策）と一方的に押し付けられても、通じないだろう。

多くの市民が太陽光や風力、水力などの自然エネルギーや新エネに理想を求めている。太陽光発電でお茶を栽培したり、「環境政策を変えたい」と地元政界に飛び込んだり、「市民の市民による市民のための発電所」の設立を夢みたり。「自分で使うエネルギーを自分でつくれたら、幸せ」。人それぞれやり方は違っても、突き動かされている思いは同じだ。

市民が主役の「市民発電所」は、すでに国内に200カ所以上ある。原点は、少しでも自分たちで電気を賄いたい―という〝電力自治〟や〝地産地消〟へのあこがれ。省エネへの飽くなき努力を続ける市民もいる。電力自由化の下で電力事業への参入を目指す自治体もある。

■今こそ皆で議論を

1、2号機の廃炉で、廃炉にかかる年月や核のごみの問題があらためて生々しい現実として住民にのし掛かっている。もし6号機が2018年から60年稼働したら、運転終了は2078年ごろ。解体完了は2100年以降になる。そのころにどんな技術が開発され、どんな世の中になっているかなど誰も分からない。

1、2号機の廃炉と6号機の新設を同時に公表した意味は重い。核のごみの処分先が決まっていない〝見切り発車〟や、住民とのあいまいな〝共生関係〟。中部電力と国がまずそれらを解消する努力をしなければ、これまでのように住民を説得するのは難しいだろう。

取材中に出会った市民の多くは、現代社会には原発が不可欠だと認めていた。ただ、未来永劫頼るわけにはいかない——という声も多かった。新エネに期待する人もいるし、高速増殖炉や核融合に期待する人もいる。消費社会から省エネ社会への大転換を訴える人もいるだろう。国内初のリプレース計画は、国民一人一人がそうした議論を深めるきっかけになるはずだ。

岐路に立つ原子力行政。国内のリプレース計画は30年ごろから本格化する。未来の世代が住みやすい地球環境を残すには、どうしたらいいか。100年後の世界を生きる子孫を思いながら、立ち止まって考えてみたい。すべては「浜岡原発の選択」から始まる。

号外＝県内で震度6弱

——駿河湾内M6.5 焼津などで津波観測

11日午前5時7分ごろ、駿河湾を震源とする強い地震があり、焼津、牧之原、御前崎、伊豆市で震度6弱を記録した。気象庁の観測によると、震源地は御前崎の北東40キロ付近で、震源の深さは約20キロ。マグニチュード（M）6・5と推定される。気象庁は同5時10分、県内と伊豆諸島に津波注意報を出し、焼津など一部で津波が観測された。気象庁は地震発生が推定されるメカニズムなどから、想定東海地震ではないとの見方を示している。

政府は午前5時10分、首相官邸に官邸対策室を設置。県も同5時半、県庁に県対策本部を設置し、県内の被害状況などを収集している。午前7時現在、県のまとめによると、大きな人的被害はないが、浜松市、函南町などで、けが人の情報が入っている。

中部電力によると、御前崎市佐倉の浜岡原発4、5号機が地震のため緊急停止した。JR東海によると、東海道新幹線は11日、東京、新横浜などを午前6時に出発する始発から運転を見合わせることを決めた。県警によると、伊東市川奈でがけ崩れ、静岡市内で複数の民家の屋根瓦が崩れたなどの情報が入っている。

各地の震度は次の通り。

震度6弱＝伊豆天城湯ケ島、焼津宗高、牧之原相良、牧之原静波、御前崎、御前崎白羽▽震度5強＝東伊豆奈良本、松崎江奈、松崎、西伊豆、伊豆の国田京、伊豆の国、富士宮野中、焼津東小川、焼津、静岡、静岡葵駒形通、静岡清水庵原、牧之原鬼女新田、袋井浅名、菊川赤土、菊川▽震度5弱＝下田中、下田東本郷、稲取、河津、南伊豆入間、南伊豆、函南、沼津戸田、長泉、島田、島田川根、島田金谷、吉田、静岡葵、静岡県庁、静岡市役所、磐田福田、掛川西大淵、掛川三俣、袋井、御前崎市役所、泰阜村役場（長野）など

◇

◆「東海地震ではない」―溝上恵東大名誉教授（元地震防災対策強化地域判定会長）の話

今回のM（マグニチュード）6・5の地震はM8級とされる想定東海地震の100

分の1の規模しかなく、東海地震とは考えにくい。東海地震と関係があるかどうかは、今後の余震分布の広がりや地殻変動などを注視する必要がある。どちらにしろ東海地震の発生は究極的に迫っていると考え、強く意識しておくべきだ。

（2009年8月11日）

浜岡5号機・1階で基準地震動を超す

――8・11駿河湾地震

駿河湾を震源とする地震で、中部電力は12日、浜岡原発（御前崎市佐倉）1―5号機の各建屋で計測した最大地震加速度記録を公表した。5号機の1階では東西方向の横揺れが488ガルを計測し、設計時に反映させた基準地震動S1の484ガルを上回った。中電は「今回の数値だけで一概に耐震性に問題があるとは言えない。得られた計測データの評価方法を今後、検討していく」としている。

東西方向の横揺れでは5号機がほかに地下2階で439ガル（S1は445ガル）、3階で548ガル（同625ガル）など。4号機は地下2階が178ガル（同430ガル）、1階が220ガル（同526ガル）、3階が268ガル（同716ガル）など。1―3号機は4号機よりも低い数値を示している。同原発構内で最も東側の5号機の揺れが特に激しかったことが、数字上にも表れた。

（2009年8月13日）

震度6弱の爪痕

——8・11駿河湾地震
緊迫の原子炉停止—浜岡、激震と初対峙　5号機加速度、なぜ突出

警報音がけたたましく鳴り響いた。プラントの作動状況を示す幅約10メートルの大型表示板に無数のランプが一斉に点灯した。駿河湾で強い地震が発生した11日早朝、中部電力浜岡原発5号機（御前崎市佐倉）の中央制御室で、古知章宏発電指令課長（50）は「仕事上でこれまでに体験したことのない揺れ」を感じた。目には「スクラム」（緊急停止）、「地震加速度大」の表示が飛び込んできた。「制御棒全挿入です」。室内に運転員の声が響く。古知課長は原子炉の停止と他の9人の運転員の安全を確認し、事務本館に待機する当直指揮者に一報を入れた。この間、わずか1分だった。

緊急時に求められる「止める」「冷やす」「閉じ込める」—は、いずれも正常に機能した。ただ、外の様子は分からない。「当面は現有勢力で乗り切らなければならないと覚悟した」。古知課長は運転員に「落ち着くように」と声を掛け、自分にも言い

聞かせた。冷温停止作業や機器の点検に当たった。

同じころ、事務本館に設置された緊急時対策所には続々と職員が駆け付けていた。5号機と同様に緊急停止した4号機、運転していなかった1～3号機からも報告が次々に寄せられた。張り詰めた空気の中、現場の状況が次々、ホワイトボードに書き付けられる。それを見て、技術班や放射線管理班、対外情報班などが慌ただしく動いた。

1976年の営業運転開始以来、地震による緊急停止は初のケース。東海地震の震源域に立地し、発生時の安全性が議論され続けてきた浜岡原発が初めて、大規模地震と対峙《たいじ》した。

今回の地震で、外部への放射能の影響はなかった。立ち入り調査した原子力安全・保安院の幹部は「必要な初期動作は適切にされた」と評価した。

一方で、石原茂雄御前崎市長（61）は「見過ごせない点」として、5号機で計測された426ガルの最大加速度を指摘する。その数値は1～4号機に比べて約2・6～3・9倍。建屋1階では、設計時に反映させた基準地震動S1を上回った。

「なぜ5号機だけ」。住民からも不安や疑問の声が上がる。60代の自営業男性の反応は「（5号機が立地する）地盤の悪さが数値に表れた」と手厳しい。

運転の再開、「800ガルの揺れでも問題ない」として国に提出済みの新耐震指針に基づく評価報告の審査、リプレース（置き換え）計画で5号機の隣接地に予定している6号機の新設─。今後に予定される一連の行程について、御前崎市議の一人は「（今回の地震で得られたデータの）影響は避けられないのでは」と推測する。

中電浜岡地域事務所総括・広報グループの西田勘二専門部長（52）は「得られた観測データを基に、原因の分析や検証をする」と強調した。石原市長は「しっかり説明責任を果たしてほしい」と中電に求めている。

（2009年8月16日）

プルサーマル延期へ　国の耐震評価出ず
——浜岡4号機

中部電力が浜岡原発4号機（御前崎市佐倉）で来年初めに予定していたプルサーマル発電の実施を2011年度以降に延期する方針を固めた。3日までの関係自治体などへの取材で分かった。新耐震設計審査指針に照らした4号機の耐震安全性確認（バックチェック）について、国からの評価が出ていないことなどが理由とみられる。来週にも正式発表する見通し。

4号機は現在、来年2月までの予定で定期検査を行っている。中電はこの定検期間内の今月末にも、プルサーマル用のウラン・プルトニウム混合酸化物（MOX）燃料28体を原子炉に装荷する考えを示していた。

06年の原発の耐震設計審査指針改訂に伴い、国は既存の原発に対し、新指針に照らしても耐震安全性が確保できるかを確認するバックチェックの作業を指示。中電は4号機について07年、「新指針に照らしても耐震安全性に問題はない」と国に報告し、原子力安全・保安院の専門家委員会が中電の報告内容の検証をしてきた。

ところが、09年8月の駿河湾の地震以降、専門家委員会の審議は、この地震で5号機の揺れが突出した原因の分析が中心になり、バックチェックに関連した議論は事実上、ストップした状態になっていた。

県や地元4市（御前崎、牧之原、掛川、菊川）は07〜08年にかけてプルサーマルを容認し、プルサーマル実施に当たっては、バックチェックを受けることを要請していた。バックチェックが遅れたことで、関係者の間からは「国の評価が出ないままのプルサーマル開始は認められない」などの声が上がっていた。

加えて、今秋以降、4号機を含む同原発で多数の機器の点検漏れが明らかになり、県や4市からは改善を求める厳しい指摘が相次いだ。中電はこのような状況の中でプルサーマル実施に踏み切ることは、地元の理解が得られないと判断したもようだ。

◇……………◇

■「延期の事実ない」―中電
中電は「地元から新耐震指針に照らした耐震安全性の説明を求められているとの認識は持っている。延期が決まった事実はない」としている。

◇……………◇

【プルサーマル】

原発の使用済み核燃料を再処理して取り出したプルトニウムと、ウラン燃料を混ぜ合わせてＭＯＸ燃料を作り、既存の軽水炉で利用する発電方法。資源の有効利用の観点から国の核燃料サイクル政策の柱に位置付けられている。一方で、安全性を疑問視する声もある。

（２０１０年12月４日）

崩れたシナリオ〜浜岡原発プルサーマル延期(上)

――駿河湾の地震で一変　5号機問題、尾引く　4号機〝お墨付き〟遅れ

「地元の要請に応じて判断したと受け止めている。企業としていろいろな努力をしたと思うが、結果が出ていない以上、仕方がない」――。中部電力が浜岡原発4号機(御前崎市佐倉)のプルサーマル発電延期を決めた6日朝、中電浜岡原子力総合事務所の水谷良亮所長から報告を受けた同市の石原茂雄市長は、地元市としての思いをこう告げた。水谷所長は「今後、しっかり準備を進めていきたい」と頭を下げた。

石原市長の求める「結果」とは、2006年に改訂された原発の新耐震設計審査指針に照らした耐震安全性確認(バックチェック)について、国から評価を受けること。より厳しい地震を想定しても、既存原発の耐震安全性に問題がないことを認める、国の〝お墨付き〟だ。

安全性への懸念が根強く残るまま全国で動き出しているプルサーマル。県や地元4市は08年、「実施に当たって4号機のバックチェックの評価を受け、結果によっては

必要な対策をとること」を中電に要請し、その後も「幾度となく同じことを伝えてきた」（石原市長）。

資源の有効利用などを目的としたプルサーマルの意義は理解できても、地域住民への安心材料の提示は「譲れない一線」だった。

地元の意向は中電側も十分、把握していた。07年、中電は4号機について「新指針上でも耐震安全性は確保されている」と全国トップを切って国に報告した。素早かった動きの背景に、「プルサーマルのための地元環境を整えたいという考えがあったのでは」と推測する関係者は多い。

ところが、中電が描いたシナリオは09年8月の駿河湾の地震で崩れる。4号機のバックチェックの報告内容を審議してきた国の専門家委員会は、この地震で隣接の5号機の揺れが突出した原因を議論する場に一変した。「最優先の経営課題」（中電）として取り組んだその5号機の問題でも、中電は委員会が納得する分析結果をなかなか示せなかった。今月3日の決着まで、約1年4カ月の時間を要した。

当初は「5号機の運転が順調に再開できれば、プルサーマルまでには4号機のバックチェックにもめどが付く」と自信を見せていた中電関係者も、今年の秋口には「今のままではプルサーマルは難しい」などと漏らすようになっていた。

中電はプルサーマルの新たな実施目標を11年度末に設定し、まずはバックチェックの審議に全力を挙げる。ただ、地元では「すんなり進むかどうかは分からない」（同市関係者）などの声も広がっている。

◇

来年初めの実施が見送られた浜岡原発4号機のプルサーマル発電。「中電の選択」の背景を探った。

◇…………………◇

■浜岡原発4号機プルサーマル計画の経緯

2005年9月　中部電力がプルサーマル計画を公表
06年9月　原発の耐震設計審査指針改訂
07年1月　中部電力が4号機のバックチェックの報告書を国に提出
　7月　中部電力がプルサーマル実施に伴う原子炉設置変更許可を取得
08年2月　地元4市と県のプルサーマル同意が出そろう
　3月　県が中部電力に要請書を提出
　5月　ＭＯＸ燃料の製造がフランスで始まる
　11月　地元4市が中部電力に要請書を提出

09年5月　ＭＯＸ燃料が浜岡原発に到着
8月　駿河湾の地震が発生
10年6月　国がＭＯＸ燃料の検査合格証を中部電力に交付
10月　4号機の定期検査が始まる。中部電力が年末のＭＯＸ燃料装荷を
公表
12月　中部電力がプルサーマルの延期を決定

（２０１０年12月7日）

崩れたシナリオ～浜岡原発プルサーマル延期（下）

――国策と地元に挟まれ調整――ギリギリまで可能性探る

浜岡原発4号機（御前崎市佐倉）のプルサーマル発電延期を6日朝、最終決断した中部電力の水野明久社長は同日午後の会見で「できるだけ早くスタートさせたい」と力を込めた。プルサーマルの早期実施に強い意欲を示す一方で、「残念な思いはある」「今まで支援していただいた皆さまに申し訳ない」と悔しさもにじませた。

中電はプルサーマル実施の望みを捨てずに、ギリギリまでその可能性を探っていた。県や地元市の関係者が中電の意向を見定める上で注目したのが、10月に発表された4号機の定期検査項目。中電はこの中に、当初の予定通り12月下旬のＭＯＸ燃料装荷と1月下旬のプルサーマル開始を盛り込んできた。

ところが、地元が求めた4号機のバックチェック（新指針に照らした耐震安全性確認）に対する国の評価が出る見通しは立っていなかった。

県幹部は「この頃から『プルサーマルはどうするのか』と何度も聞いたが、中電側は『検討している』と繰り返すだけだった」と明かす。その対応に中電側の「何とか今回の定検中にやりたい、できるかもしれないとの思い」（県幹部）が込められていた。

なぜ、そこまで「1月下旬」にこだわったのか—。その背景に浮かぶのが「国策としてのプルサーマルの位置付け」だ。

資源の有効活用につながるプルサーマルは国の核燃料サイクル政策の柱として、1990年代後半から計画が進められてきた。ところが、MOX燃料の検査データねつ造などの問題が発覚し、計画が大幅に遅れた経緯がある。昨秋、九州電力玄海原発3号機（佐賀県）で本格的に動き始めてからは順調に推移してきた。浜岡4号機も全国の原発の「5番手」という先頭集団の中にいた。

菊川市議の一人は「中電には、業界の一員として『この流れを自分たちが止めることはできない』という意識があったのではないか」と推測する。水野社長も会見で「プルサーマルは核燃料サイクルとして重要、大切なプロジェクト。だからこそ、計画通りに行けばよかったのだが」との思いを口にしている。

同市議は「中電は国と地元に挟まれて調整に相当苦労したと思う。最終的にこちら（地元）を向いて決断したことは評価しないといけない」とした上で、こう指摘した。

「耐震安全性を市民に分かりやすく説明した上で、堂々とやればいい。それが今後のプルサーマルの着実な推進、中長期的なエネルギーの安定確保につながるはずだ」

（2010年12月8日）

浜岡5号機、原子炉40分で臨界に

――運転員が緊張の面持ちで操作

突出した揺れで停止を余儀なくされた駿河湾の地震から約1年半。中部電力浜岡原発5号機（御前崎市佐倉）が25日、運転を再開した。中電は同日、原子炉起動作業を報道機関に公開。今後の安全・安定運転を求める地域住民や県、地元市関係者の注目が集まる中、中央制御室では運転員たちが緊張感に包まれた表情で作業に当たった。

制御室にはこの日の担当の運転チームに加え、サポートチームなど通常よりも多い社員が入った。原子力安全・保安院の検査官も立ち会い、梶川祐亮所長ら発電所の幹部も様子を見守った。

午後1時に合図が出されると、運転員が原子炉を起動モードに変えるスイッチを操作。約5分後には前面の大型表示板に点灯していた制御棒全挿入状態のランプが消え、原子炉からの引き抜きが始まったことを示した。

その後も、運転員たちは指さしを繰り返しながら、表示板や手元のモニターなどの確認を入念に続けた。起動から約40分で、核分裂が連続して起こる臨界に達した。

中電関係者は「今後も重要な作業が続く。気を引き締めながら取り組んでいく」と強調した。

（2011年1月26日）

御前崎市長「唐突」、周辺3市は「妥当」

――浜岡原発停止要請に地元の反応割れる

国が中部電力に浜岡原発（御前崎市佐倉）の全面停止を要請したことを受けて、御前崎市の石原茂雄市長は6日、「（全面停止の要請は）地元に納得のいく説明があってからすべき。こんな唐突な発表は納得できない」と述べた。一方で御前崎市を除く地元3市（掛川、牧之原、菊川）の市長は一様に「現時点で首相の判断は妥当」と語り、一定の理解を示した。

石原市長は、5日に浜岡原発で行った海江田万里経済産業相との意見交換会を振り返り、「海江田経産相は（浜岡原発3号機再開について）結論を急がないと言ったばかり。地元の声をしっかり聞きたいとも話していたのに」と唐突な発表に驚いた様子。国の発表後に中電関係者から説明があったことを明かし、「中電は検討すると言っていたが、受け入れるしかないのでは」と話した。

掛川市の松井三郎市長は「市民の安全安心を守ることが最優先である行政の立場と

して判断は妥当」とした上で、「原発停止は要請ではなく、国の責任と意志で命令の形で行うべき」と注文を付けた。

牧之原市の西原茂樹市長は「これまでも市民の安心が確保されるまで原発をいったん止める必要があると訴えてきた」と述べ、国の判断に賛同する姿勢を見せた。今後の電力供給については「市民が主体となって考え、電力の需要問題を考えていく必要がある」と指摘した。

菊川市の太田順一市長は「現時点で適切な判断と考える」とのコメントを発表。今後は「（全面停止の）要請に至った経緯や理由、運転停止に伴う影響を把握しなければならない」としている。

◇…………………◇

■「協議も連絡もない」―住民、国に不信感も

「寝耳に水」「地元軽視の暴挙だ」―。菅直人首相が6日発表した「浜岡原発停止要請」の一報を受け、地元関係者は事前の協議も連絡もない国の対応に不信感をあらわにした。

1975年から3期12年、旧浜岡町長として浜岡原発1～4号基の立地計画を進めた鴨川義郎さん（83）＝御前崎市佐倉＝は、国の一方的な決定に憤りを隠せない。

「国のエネルギー対策に40年も協力し続けてきた。地元に何の連絡もないなんてばかげた話だ」

町長在任中の用地交渉は難航し、住民と何度も協議を重ねた。原発反対の漁業関係者は独自に究明委員会を立ち上げ、原発の影響を5年以上にわたって調査した。鴨川さんは「いろんな人たちが長い時間を掛けて納得し、先祖伝来の土地を差し出した。国はそんな地元の思いを踏みにじった」と吐き捨てた。

御前崎市議会原子力対策特別委員会の柳沢重夫委員長は「国の判断に文句はない」と理解を示しつつ、「あまりに突然すぎる」と唐突な決定に不信感をにじませた。後藤憲志議長も「国が心配するなら、原発を止めるのはやむを得ない」と語る一方、「地元に一言ぐらいあっても良いのでは」と苦言を呈した。

他方、地元経済への影響を心配する声も。御前崎市池新田のスナック経営者の江夏忠雄さん（69）は「私たちは原発とともに30年間生きてきた。中電の従業員の方がいなくなると、お店や旅館など周りに与える影響がありすぎて想像できない。個人を含めて、町全体が死んでしまうのでは」と不安を口にした。

（２０１１年５月７日）

地元4市が仕事・暮らし心配「配慮欠く」不満根強く政府判断「納得できず」3割超

——浜岡原発県民アンケート

「止めれば安全なのは分かっている。その先のことは考えてくれているのか」（菊川市、30代女性）——。静岡新聞社が10日まとめた緊急県民アンケート結果では、中部電力浜岡原発の地元4市（御前崎、牧之原、菊川、掛川）の住民が、浜岡原発の全原子炉停止を決めた中電の判断を尊重する一方、地元に相談もなく中電に停止要請をした国に対しては「配慮を欠く」など、批判的な受け止めが目立つことが明らかになった。

地元4市で、中電に対して浜岡原発の全原子炉停止要請をした政府の判断について「納得できる」と答えた人は22・7％で全県に比べて8・6ポイント低く、「おおむね納得できる」と答えた人は36・4％で2・5ポイント低かった。一方、「あまり納得できない」と答えた人は27・3％で7・6ポイント高く、「納得できない」と答えた人は9・1％で6・0ポイント高かった。

菅直人首相は6日夜の記者会見で浜岡原発について、「すべての原子炉を停止すべきだと判断した」と表明した。牧之原、菊川、掛川の3市長が「首相の判断は妥当」との見方を示す一方、御前崎市の石原茂雄市長は「こんな唐突な発表は納得できない」などとして反発していた。

地元4市の住民からは「要請内容がどんなものであっても、各業界に何も説明がない。菅首相は大震災の対応に配慮がないと言われてきたのに、全く学習していない」（30代男性）と首相を痛烈に批判する声があった。また、「安全性の確保は重要な事だが、雇用問題や経済面での打撃などが及ぼす影響を考えると、細々でも運転しながら対策事業を進められないのかとも思う」（50代女性）との切実な声もあった。

浜岡原発の地元で活動する市民団体「浜岡原発を考える会」の伊藤実会長（69）＝御前崎市佐倉＝は「われわれにはこれまで国のエネルギー政策に協力してきたという自負がある。今回、頭越しにされたことに怒りを感じたが、振り返れば重要な問題はいつもわれわれ抜きだ。むしろ逆手に取り、原発に頼らない『真のまちづくり』に一歩踏み出す契機にしなくてはならないと思っている」と話した。

（2011年5月11日）

あとがき

2011年3月11日午後2時46分。モーメントマグニチュード（Mw）9・0の巨大地震が東日本を襲いました。太平洋の沿岸市町村は軒並み大津波に襲われ、壊滅的な被害を受けました。大津波は国内で最も古いグループの原子炉6基が林立する東京電力福島第1原発にも容赦なく襲い掛かりました。外部電源の受電設備は壊れ、アキレス腱の海水ポンプも故障しました。非常用ディーゼル発電機は使えず、原子炉内の核燃料を冷却する機能を失った原子炉は、極めて危険な状態に陥りました。決死のベントも及ばず、12日午後3時半過ぎには1号機の建屋が白煙を上げて水素爆発しました。私たちは300キロ以上も離れた静岡市の本社制作センターで、刻々と進行していく原発事故の映像にくぎ付けになっていました。無残にも骨組みが剝き出しになった原子炉建屋を見ながら、誰もが同じことを考えていたのです。浜岡も他人事でない―と。

08年12月から09年6月までの約半年間かけて全50回、本紙1面で連載した「浜岡原発の選択」は、想定を超す巨大地震への懸念をはじめとする原発の諸問題をつぶさに取材した集大成でした。その経験から、私たちは爆発する福島第1原発の建屋を見ながら、映像の裏側にある立地自治体に共通したさまざまな背景や住民の思いを感じ取っていました。大震災が起こる前から地元住民からは地震による炉心溶融を心配する声が散々挙がっていたはずでしたし、なぜ福島県のこの地に立地することになったのか、交付金と地元行政の関係も気になりました。また、放射能汚染したがれきの処分は基準値のクリアランス（すそ切り）で対応するのだろうか、溶融燃料はどう処分するのだろうか―等々、原発の歴史から原発マネーの功罪、当時一般に知られていなかった原発の廃炉事情までカバーした「浜岡原発の選択」を2年前に展開していたことで、原子力という国策と運命共同体になっていた福島の立地町村と浜岡を重ね、思い至ることがいろいろあったのです。

事故の進展に伴い、原子力行政の異常さが浮き彫りになってくると、ホームページの「浜岡原発の選択」へのアクセスが全国から増加し始めました。2年前の連載にもかかわらずメールを頂くなどの反響もあり、関心の高まりを実感しました。

「Think Globally, Act Locally.（地球規模で考え、地域で行動する）」という言葉があります。原子力の諸問題は、まさに地球規模で物事を考えつつ、地域の一人一人がそれぞれ自分にできる範囲で行動を起こすことが大切です。原子力やエネルギー問題と言うと大上段に振りかぶったイメージがありましたが、実は本来、地方こそがその主役であるべきだったのではないでしょうか。連載に登場する人々は口をそろえてエネルギーの地産地消や電力自治の理想を語ってくれました。浜岡原発は大震災後の5月、菅直人首相の要請を受け津波対策が終わるまでの条件付きで3～5号機が停止しましたが、電源の代替案もないままの突然の要請は大騒動を招きました。中央に翻弄され、痛い目に遭うのはいつも地方です。今回の福島原発事故もその典型です。国のエネルギー政策は地方から声を挙げるべきです。本書が読者の皆さまが行動を起こす一助になれば幸いです。

私たちは大震災後、浜岡原発は大丈夫か—という原点に返り、5月から「続・浜岡原発の選択」をスタートしました。前回の連載では一般的ではないと考えて掲載を見送ったベクレルやシーベルトなど放射線の単位やスマートグリッドなどの用語は今や耳にしない日はないほど急速に社会に浸透しています。続編ではそうしたことにも触れる予定です。

本書の連載の取材では多くの人々や原子力関係機関のご協力を得ることができました。地元4市の住民の皆さまや県外の立地自治体の皆さま、海外ルポの際に尽力して頂いた方々にも、この場を借りてお礼を申し上げます。

大地震など想定外の事態は今後も必ず起きます。それを止めることはできませんが、我々は過去の教訓を生かすことができます。皆で知恵を出し合い、より良い未来を築く努力はできるはずです。原発事故をきっかけに原発やエネルギー政策をめぐる国民的議論が活発化することを願ってやみません。現実を踏まえながら、かつ冷静に、時に情熱的に――。

最後に、東日本大震災で亡くなられた方々のご冥福をお祈りすると共に、原発事故や津波による被災で今でも避難所や仮設住宅暮らしを余儀なくされている方々が一日でも早く平穏な日常を取り戻されることを心から祈念しております。

静岡新聞社常務取締役・大石剛

〈浜岡原発問題取材班〉

鈴木誠之、松本直之（いずれも当時社会部）、関本豪（当時御前崎支局）、河村英之（当時東京編集部）

浜岡原発の選択

平成23年10月14日　初版発行

静岡新聞社　編
発行者／松井　純
発行所／静岡新聞社
〒422-8033
静岡市駿河区登呂3-1-1
電話054（284）1666
印刷・製本／石垣印刷

ISBN978-4-7838-2232-5 C0036